内 容 简 介

管冷却反应堆(简称"热管堆")具有系统简洁、运行可靠、续航能力强等优点,能
解决微小型核动力装备的能源动力问题。本书围绕热管堆输热这一关键问题,
丝网吸液芯传热到宏观热管传热,再到整个热管堆系统传热三个不同层次开展
实验研究。解析了热管毛细微观机理与宏观热质输运特性,构建了从元件到堆
统的分析方法,为热管堆微观传热传质与宏观运行特性分析提供了理论基础。
书适合高等院校核科学与技术等专业的师生以及科研院所相关专业的研究人员
可供从事热管堆等微小型核动力反应堆研究领域开发设计、建设与运行维护的
术人员参考。

书在版编目(CIP)数据

网芯钠热管反应堆多尺度输热机理研究/马誉高著.—北京:清华大学出版社,

清华大学优秀博士学位论文丛书)
ISBN 978-7-302-63924-4

. ①丝… Ⅱ. ①马… Ⅲ. ①热管—反应堆—传热—研究 Ⅳ. ①TL331

中国国家版本馆 CIP 数据核字(2023)第 115961 号

编辑:戚 亚
设计:傅瑞学
校对:欧 洋
印制:沈 露

发行:清华大学出版社
网　　址:http://www.tup.com.cn, http://www.wqbook.com
地　　址:北京清华大学学研大厦 A 座　　　邮　编:100084
社 总 机:010-83470000　　　邮　购:010-62786544
投稿与读者服务:010-62776969, c-service@tup.tsinghua.edu.cn
质量反馈:010-62772015, zhiliang@tup.tsinghua.edu.cn
者:小森印刷(北京)有限公司
销:全国新华书店
本:155mm×235mm　　印 张:17.5　　字 数:295 千字
次:2023 年 10 月第 1 版　　　印 次:2023 年 10 月第1次印刷
价:159.00 元

编号:101698-01

清华大学优秀博士学位论文丛书

丝网芯钠热管多尺度输热机理

马誉高 (Ma Yugao) 著

Multi-Scale Heat Transfer Mec
of Screen-Wick Sodium Heat-P

一流博士生教育
体现一流大学人才培养的高度（代丛书序）^①

　　人才培养是大学的根本任务。只有培养出一流人才的高校，才能够成为世界一流大学。本科教育是培养一流人才最重要的基础，是一流大学的底色，体现了学校的传统和特色。博士生教育是学历教育的最高层次，体现出一所大学人才培养的高度，代表着一个国家的人才培养水平。清华大学正在全面推进综合改革，深化教育教学改革，探索建立完善的博士生选拔培养机制，不断提升博士生培养质量。

学术精神的培养是博士生教育的根本

　　学术精神是大学精神的重要组成部分，是学者与学术群体在学术活动中坚守的价值准则。大学对学术精神的追求，反映了一所大学对学术的重视、对真理的热爱和对功利性目标的摒弃。博士生教育要培养有志于追求学术的人，其根本在于学术精神的培养。

　　无论古今中外，博士这一称号都和学问、学术紧密联系在一起，和知识探索密切相关。我国的博士一词起源于 2000 多年前的战国时期，是一种学官名。博士任职者负责保管文献档案、编撰著述，须知识渊博并负有传授学问的职责。东汉学者应劭在《汉官仪》中写道："博者，通博古今；士者，辩于然否。"后来，人们逐渐把精通某种职业的专门人才称为博士。博士作为一种学位，最早产生于 12 世纪，最初它是加入教师行会的一种资格证书。19 世纪初，德国柏林大学成立，其哲学院取代了以往神学院在大学中的地位，在大学发展的历史上首次产生了由哲学院授予的哲学博士学位，并赋予了哲学博士深层次的教育内涵，即推崇学术自由、创造新知识。哲学博士的设立标志着现代博士生教育的开端，博士则被定义为独立从事学术研究、具备创造新知识能力的人，是学术精神的传承者和光大者。

---

　　①　本文首发于《光明日报》，2017 年 12 月 5 日。

博士生学习期间是培养学术精神最重要的阶段。博士生需要接受严谨的学术训练，开展深入的学术研究，并通过发表学术论文、参与学术活动及博士论文答辩等环节，证明自身的学术能力。更重要的是，博士生要培养学术志趣，把对学术的热爱融入生命之中，把捍卫真理作为毕生的追求。博士生更要学会如何面对干扰和诱惑，远离功利，保持安静、从容的心态。学术精神，特别是其中所蕴含的科学理性精神、学术奉献精神，不仅对博士生未来的学术事业至关重要，对博士生一生的发展都大有裨益。

独创性和批判性思维是博士生最重要的素质

博士生需要具备很多素质，包括逻辑推理、言语表达、沟通协作等，但是最重要的素质是独创性和批判性思维。

学术重视传承，但更看重突破和创新。博士生作为学术事业的后备力量，要立志于追求独创性。独创意味着独立和创造，没有独立精神，往往很难产生创造性的成果。1929 年 6 月 3 日，在清华大学国学院导师王国维逝世二周年之际，国学院师生为纪念这位杰出的学者，募款修造"海宁王静安先生纪念碑"，同为国学院导师的陈寅恪先生撰写了碑铭，其中写道："先生之著述，或有时而不章；先生之学说，或有时而可商；惟此独立之精神，自由之思想，历千万祀，与天壤而同久，共三光而永光。"这是对于一位学者的极高评价。中国著名的史学家、文学家司马迁所讲的"究天人之际，通古今之变，成一家之言"也是强调要在古今贯通中形成自己独立的见解，并努力达到新的高度。博士生应该以"独立之精神、自由之思想"来要求自己，不断创造新的学术成果。

诺贝尔物理学奖获得者杨振宁先生曾在 20 世纪 80 年代初对到访纽约州立大学石溪分校的 90 多名中国学生、学者提出："独创性是科学工作者最重要的素质。"杨先生主张做研究的人一定要有独创的精神、独到的见解和独立研究的能力。在科技如此发达的今天，学术上的独创性变得越来越难，也愈加珍贵和重要。博士生要树立敢为天下先的志向，在独创性上下功夫，勇于挑战最前沿的科学问题。

批判性思维是一种遵循逻辑规则、不断质疑和反省的思维方式，具有批判性思维的人勇于挑战自己，敢于挑战权威。批判性思维的缺乏往往被认为是中国学生特有的弱项，也是我们在博士生培养方面存在的一个普遍问题。2001 年，美国卡内基基金会开展了一项"卡内基博士生教育创新计划"，针对博士生教育进行调研，并发布了研究报告。该报告指出：在美国和欧洲,培养学生保持批判而质疑的眼光看待自己、同行和导师的观点同样非常不容易,批判性思维的培养必须成为博士生培养项目的组成部分。

对于博士生而言,批判性思维的养成要从如何面对权威开始。为了鼓励学生质疑学术权威、挑战现有学术范式,培养学生的挑战精神和创新能力,清华大学在2013年发起"巅峰对话",由学生自主邀请各学科领域具有国际影响力的学术大师与清华学生同台对话。该活动迄今已经举办了21期,先后邀请17位诺贝尔奖、3位图灵奖、1位菲尔兹奖获得者参与对话。诺贝尔化学奖得主巴里·夏普莱斯(Barry Sharpless)在2013年11月来清华参加"巅峰对话"时,对于清华学生的质疑精神印象深刻。他在接受媒体采访时谈道:"清华的学生无所畏惧,请原谅我的措辞,但他们真的很有胆量。"这是我听到的对清华学生的最高评价,博士生就应该具备这样的勇气和能力。培养批判性思维更难的一层是要有勇气不断否定自己,有一种不断超越自己的精神。爱因斯坦说:"在真理的认识方面,任何以权威自居的人,必将在上帝的嬉笑中垮台。"这句名言应该成为每一位从事学术研究的博士生的箴言。

提高博士生培养质量有赖于构建全方位的博士生教育体系

一流的博士生教育要有一流的教育理念,需要构建全方位的教育体系,把教育理念落实到博士生培养的各个环节中。

在博士生选拔方面,不能简单按考分录取,而是要侧重评价学术志趣和创新潜力。知识结构固然重要,但学术志趣和创新潜力更关键,考分不能完全反映学生的学术潜质。清华大学在经过多年试点探索的基础上,于2016年开始全面实行博士生招生"申请-审核"制,从原来的按照考试分数招收博士生,转变为按科研创新能力、专业学术潜质招收,并给予院系、学科、导师更大的自主权。《清华大学"申请-审核"制实施办法》明晰了导师和院系在考核、遴选和推荐上的权力和职责,同时确定了规范的流程及监管要求。

在博士生指导教师资格确认方面,不能论资排辈,要更看重教师的学术活力及研究工作的前沿性。博士生教育质量的提升关键在于教师,要让更多、更优秀的教师参与到博士生教育中来。清华大学从2009年开始探索将博士生导师评定权下放到各学位评定分委员会,允许评聘一部分优秀副教授担任博士生导师。近年来,学校在推进教师人事制度改革过程中,明确教研系列助理教授可以独立指导博士生,让富有创造活力的青年教师指导优秀的青年学生,师生相互促进、共同成长。

在促进博士生交流方面,要努力突破学科领域的界限,注重搭建跨学科的平台。跨学科交流是激发博士生学术创造力的重要途径,博士生要努力提升在交叉学科领域开展科研工作的能力。清华大学于2014年创办了"微沙龙"平台,同学们可以通过微信平台随时发布学术话题,寻觅学术伙伴。3年来,博士生参与和发起"微沙龙"12 000多场,参与博士生达38 000多人次。"微沙龙"促进了不同学科学生之间的思想碰撞,激发了同学们的学术志趣。清华于2002年创办了博士生论坛,论坛由同学自己组织,师生共同参与。博士生论坛持续举办了500期,开展了18 000多场学术报告,切实起到了师生互动、教学相长、学科交融、促进交流的作用。学校积极资助博士生到世界一流大学开展交流与合作研究,超过60%的博士生有海外访学经历。清华于2011年设立了发展中国家博士生项目,鼓励学生到发展中国家亲身体验和调研,在全球化背景下研究发展中国家的各类问题。

在博士学位评定方面,权力要进一步下放,学术判断应该由各领域的学者来负责。院系二级学术单位应该在评定博士论文水平上拥有更多的权力,也应担负更多的责任。清华大学从2015年开始把学位论文的评审职责授权给各学位评定分委员会,学位论文质量和学位评审过程主要由各学位分委员会进行把关,校学位委员会负责学位管理整体工作,负责制度建设和争议事项处理。

全面提高人才培养能力是建设世界一流大学的核心。博士生培养质量的提升是大学办学质量提升的重要标志。我们要高度重视、充分发挥博士生教育的战略性、引领性作用,面向世界、勇于进取,树立自信、保持特色,不断推动一流大学的人才培养迈向新的高度。

邱勇

清华大学校长

2017 年 12 月 5 日

丛书序二

以学术型人才培养为主的博士生教育,肩负着培养具有国际竞争力的高层次学术创新人才的重任,是国家发展战略的重要组成部分,是清华大学人才培养的重中之重。

作为首批设立研究生院的高校,清华大学自 20 世纪 80 年代初开始,立足国家和社会需要,结合校内实际情况,不断推动博士生教育改革。为了提供适宜博士生成长的学术环境,我校一方面不断地营造浓厚的学术氛围,一方面大力推动培养模式创新探索。我校从多年前就已开始运行一系列博士生培养专项基金和特色项目,激励博士生潜心学术、锐意创新,拓宽博士生的国际视野,倡导跨学科研究与交流,不断提升博士生培养质量。

博士生是最具创造力的学术研究新生力量,思维活跃,求真求实。他们在导师的指导下进入本领域研究前沿,吸取本领域最新的研究成果,拓宽人类的认知边界,不断取得创新性成果。这套优秀博士学位论文丛书,不仅是我校博士生研究工作前沿成果的体现,也是我校博士生学术精神传承和光大的体现。

这套丛书的每一篇论文均来自学校新近每年评选的校级优秀博士学位论文。为了鼓励创新,激励优秀的博士生脱颖而出,同时激励导师悉心指导,我校评选校级优秀博士学位论文已有 20 多年。评选出的优秀博士学位论文代表了我校各学科最优秀的博士学位论文的水平。为了传播优秀的博士学位论文成果,更好地推动学术交流与学科建设,促进博士生未来发展和成长,清华大学研究生院与清华大学出版社合作出版这些优秀的博士学位论文。

感谢清华大学出版社,悉心地为每位作者提供专业、细致的写作和出版指导,使这些博士论文以专著方式呈现在读者面前,促进了这些最新的优秀研究成果的快速广泛传播。相信本套丛书的出版可以为国内外各相关领域或交叉领域的在读研究生和科研人员提供有益的参考,为相关学科领域的发展和优秀科研成果的转化起到积极的推动作用。

　　感谢丛书作者的导师们。这些优秀的博士学位论文，从选题、研究到成文，离不开导师的精心指导。我校优秀的师生导学传统，成就了一项项优秀的研究成果，成就了一大批青年学者，也成就了清华的学术研究。感谢导师们为每篇论文精心撰写序言，帮助读者更好地理解论文。

　　感谢丛书的作者们。他们优秀的学术成果，连同鲜活的思想、创新的精神、严谨的学风，都为致力于学术研究的后来者树立了榜样。他们本着精益求精的精神，对论文进行了细致的修改完善，使之在具备科学性、前沿性的同时，更具系统性和可读性。

　　这套丛书涵盖清华众多学科，从论文的选题能够感受到作者们积极参与国家重大战略、社会发展问题、新兴产业创新等的研究热情，能够感受到作者们的国际视野和人文情怀。相信这些年轻作者们勇于承担学术创新重任的社会责任感能够感染和带动越来越多的博士生，将论文书写在祖国的大地上。

　　祝愿丛书的作者们、读者们和所有从事学术研究的同行们在未来的道路上坚持梦想，百折不挠！在服务国家、奉献社会和造福人类的事业中不断创新，做新时代的引领者。

　　相信每一位读者在阅读这一本本学术著作的时候，在吸取学术创新成果、享受学术之美的同时，能够将其中所蕴含的科学理性精神和学术奉献精神传播和发扬出去。

清华大学研究生院院长

2018 年 1 月 5 日

导师序言

深空、深海、深地领域蕴含重要战略空间和丰富资源,加快"三深"空间资源探测开发,研究核心关键技术装备,已成为当下重要的国际科技竞争制高点。"三深"空间环境复杂极端,常规能源供应方式(如化石燃料燃烧等)难以满足探索开发的能源保障需求。2018年,美国试验了一种革新性热管微型反应堆,这种反应堆采用固态反应堆设计理念,通过高温碱金属热管以非能动方式导出堆芯热量,除具备核能高功率密度、高可持续性、高可靠性等优点外,还具有系统简单紧凑、可静默运行、易无人化操控等固有技术优势。因此,热管堆被认为是解决"三深"领域探测开发稳定能源供应难题的理想选择。美国在该领域已实现原型堆验证,相比之下,我国还只有局部和零星的工作,距离工程应用还非常遥远。在当前国际形势与科技竞争激烈的现实情况下,研究热管堆对维护我国海洋主权、深空及深地安全等都有着极为特殊的意义。

马誉高的博士学位论文围绕热管堆输热这个关键问题,从微观丝网吸液芯传热到宏观热管传热,再到整个热管堆系统传热三个不同层次开展理论和实验研究。解析了热管毛细微观机理与宏观热质输运特性,构建了从元件到堆芯及系统的分析方法和分析程序,为热管堆微观传热传质与宏观运行特性分析提供了理论基础和工具,对我国热管堆技术发展和实体堆研发均具有重要意义。

本书的主要创新性成果包括:

1. 提出了毛细边界层的模型和丝网芯毛细输热模型,揭示了分子间作用力与表面张力在气、液、固三相接触位置的竞争机制和丝网芯的跨尺度特征,加深了对热管内毛细循环输热机理的认识。

2. 通过模拟分析和实验对比验证,对丝网高温热管毛细极限相关的间歇沸腾振荡、启动过程等进行了深入细致的分析和研究,提高了对热管运行特性的理解。

3. 研究了热管堆系统耦合分析方法,建立了核-热-力-电耦合分析平台,形成了自主化热管堆系统分析工具。重点对热管失效等事故场景进行分析,得到了热管堆的失稳判定方法。

我相信本书的出版一定会增强读者对热管堆输热中关键模型及方法的认识。

黄善仿

2023 年 3 月于清华园

联合培养导师序言

创新是科研工作者始终追求的目标，向未来积极探索是每一名青年研究者应有的基本态度。空间探索一直是人类的理想，而长航性能源动力的突破便是探索中面临的主要挑战之一。核能以其高能量密度和长供能周期等突出特质，被认为是解决空间能源问题的理想途径。近年来，包括美国、中国、日本、韩国在内的多国已着手将热管堆作为空间能源研究的重要方向，本书相关工作有幸成为中国第一批开展此类研究的工作之一。本书选题之时，正值国内探索热管堆起步之际，本书的初衷也是致力于解决热管堆研发过程中的关键理论问题，期望通过数年的努力为热管堆研究贡献一份力量。

热管反应堆是采用高温热管传热的固态反应堆，其自然力的循环方式和颠覆性的堆芯结构均是传统反应堆研发中未曾遇到的。在热管堆的工程实践过程中，存在大量需要攻克的设计和试验技术难题，主要包括丝网芯毛细动力学机理、碱金属热管两相自然循环输热机制、固-固共轭传热堆芯核-热-力耦合特性、固态反应堆系统输热特性等。其中，毛细芯、碱金属热管、热管堆系统涉及三个不同的研究尺度，而碱金属热管在其中起到核心及桥梁作用，连接着微观的毛细芯机理与宏观的热管堆系统特性。解决碱金属热管输热中的科学问题及技术瓶颈，是推动热管堆从反应堆概念走向工程化的必由之路。因此，深入研究碱金属热管，揭示其内在的毛细微观机理与宏观的热质输运特性，构建从元件到堆芯及系统的分析方法，将为热管堆运行特性分析提供理论基础，对我国热管堆技术发展和实体堆研发具有重要意义。

本书从"微介观机理-宏观输热特性-堆系统运行规律"三个层次开展研究，具体以丝网芯钠热管为研究对象，从丝网芯毛细流动机理出发，结合实验研究，建立钠热管输热模型，从而解析热管内的毛细循环规律与热质输运特性，并构建从热管到反应堆系统输热的分析方法。通过本书的研究，尝试建立了毛细边界层的理论、碱金属热管全流场分析模型，以及热管堆系统耦合分析方法；探索了热管堆堆芯的动态响应特性与自稳调节等固有安全特性的内在机制；探讨了威胁堆芯安全的瓶颈性问题。

　　热管堆等核能动力技术，是解决空间探索能源动力问题的一种理想途径。本书研究历经五载，愿可为热管堆领域尽绵薄之力。但路漫漫其修远兮，希望更多的青年科技工作者参与其中，为人类未来空间核动力的突破集智聚力。

余红星

中国核动力研究设计院

2023 年 3 月

摘　要

　　长续航的能源动力技术,是关乎国家深空、深海、深地资源开发和国家安全的重要基础技术。热管冷却反应堆具有系统高度简化、非能动热管输热、长续航、高可靠性等突出优点,是面向上述应用场景的微小型无人化核动力的优选堆型之一。热管堆堆芯采用大量独立运行的碱金属热管将堆芯裂变能非能动地导出。因此,碱金属热管的输热特性对热管冷却反应堆系统性能起到决定性作用。但当前对于碱金属热管的流动传热机理等方面的研究并不完善。本书从碱金属热管内的毛细芯微观热质输运、碱金属热管的宏观输热、碱金属热管对堆系统特性影响这三个尺度由小及大开展研究,以期从多尺度、多角度揭示热管堆的输热机理。

　　本书首先开展了热管内丝网芯的毛细动力学特性实验,研究钠在不同温度与丝网结构下的毛细流动规律。在此基础上,针对丝网芯内的热质输运过程,建立了毛细边界层理论,在毛细边界层内考虑范德瓦耳斯力、电场力和表面张力的影响,而在毛细边界层外考虑丝网交错几何结构等因素,最终建立了三维丝网芯毛细输热模型。将该理论模型与文献进行了对比,结果验证良好。同时,使用该理论模型揭示了丝网芯毛细动力学实验中的现象机理,研究了尺寸参数、液位高度等因素对丝网芯内钠液膜毛细力及输热的影响机制。

　　在丝网芯毛细输热模型的基础上,本书进一步构建了考虑丝网芯毛细机理过程的碱金属热管输热模型,并针对钠热管开展了实验研究。实验表明,热管存在温度振荡和毛细极限等运行不稳定现象。研究总结出了低热流密度的间歇沸腾振荡、高热流密度的干涸振荡两种碱金属热管振荡模式以及高热流密度、高加热速率、正倾角、负倾角四类工况下的毛细极限。结合实验与模型分析,本书揭示了钠热管稳定输热机制和毛细极限等运行不稳定过程的瞬态演变机理。

　　最后,基于碱金属热管输热模型,结合热管堆紧凑型固态堆芯的多物理场耦合特性,本书建立了热管堆核-热-力-电耦合分析方法,研究了热管堆在钠热管冷态启动、稳定及失稳条件下的输热特性。研究表明,热管冷态启动过程对热管堆启堆过程影响显著;固态堆芯由于几何膨胀和多普勒效应在热管温度振荡时具有一定的自调节特性;热管传热极限失效将导致堆芯发生局部热管失效甚至级联热管失效,威胁堆芯安全。

本书为热管堆微观传热传质与宏观运行特性分析和实体堆研发提供了技术支撑与理论基础。

关键词:热管冷却反应堆;钠热管;丝网芯;毛细极限;输热机理

Abstract

Long-endurance power techniques are essential for national security and the exploitation of deep space, deep sea, and deep earth resources. Heat-pipe-cooled reactor has outstanding advantages of the highly simplified system, passive heat pipe heat transfer, long service life, and high reliability. Accordingly, it is one of the preferred reactors for micro-compact unmanned nuclear power in resource exploitation and national defense. In the heat-pipe-cooled reactor, the fission energy is transferred passively by numerous independent alkali-metal heat pipes. Therefore, the heat transfer characteristics of alkali-metal heat pipes play a decisive role in the performance of heat-pipe-cooled reactor systems. However, the current research on the flow and heat transfer mechanism of alkali-metal heat pipes is not well developed. To reveal the heat transfer mechanism of heat-pipe-cooled reactor from multi-scale perspective, the microscopic capillary mechanism of the wick, the macroscopic heat transfer of the alkali-metal heat pipe, and its influence on the characteristics of the reactor system were investigated in this book.

Firstly, the experiment of capillary dynamic characteristics of the screen-wick in the heat pipe was conducted to study the capillary flow process of sodium at different temperatures and screen structures. Meanwhile, a capillary boundary layer theory was established for the heat and mass transfer process in the screen-wick. A three-dimensional screen-wick capillary heat transfer model was developed considering the influence of disjoining pressure and surface tension in the capillary boundary layer and the winding geometric structure of the wire mesh outside. The theoretical model was validated with the literature. Furthermore, the model was used to reveal the mechanism of the phenomena in the sodium capillary dynamic experiment. The influence mechanism of size parameters, liquid level, and other factors on capillary force and heat transfer of the sodium film inside the screen-wick was also investigated.

Further, the book developed a heat transfer model for alkali-metal heat pipes considering the screen-wick capillary mechanism. The experiment on heat transfer of sodium heat pipe was conducted. The experiment showed that the heat pipe has operating instability phenomena such as temperature oscillation and capillary limit. Two kinds of alkali-metal heat pipe oscillation modes and four kinds of capillary limits were summarized, including the geyser boiling oscillation with low heat flux density, dry-out oscillation with high heat flux density, and capillary limits on conditions of high heat flux, high heating rate, positive inclination, and negative inclination. Combined with experiments and models, the book revealed the mechanism of stable heat transfer and transient evolution of instabilities (e. g. ,capillary limit) during sodium heat pipe operation.

Finally, a coupled neutronic and thermal-mechanical-electric analysis method and the corresponding system analysis program were developed based on the alkali-metal heat pipe heat transfer model and the multi-physical field coupling characteristics of the compact solid-state core. The heat transfer characteristics of the heat-pipe-cooled reactor under the frozen start-up, stable, and unstable conditions of the sodium heat pipe were studied. The research showed that the three stages of heat pipe start-up significantly influence the reactor start-up process. The solid-state reactor has certain self-regulating characteristics to the temperature oscillation of the heat pipe due to the Doppler effect and geometric expansion. The local heat pipe failure may lead to heat pipe cascade failure and threaten reactor safety.

The book provides a theoretical basis for the micro heat transfer and macro operation analysis of heat-pipe-cooled reactor, as well as technical support for the further development of this kind of reactor.

Keywords: Heat-pipe-cooled reactor; Sodium heat pipe; Screen-wick; Capillary limit; Heat transfer mechanism

符号说明

英文符号	含义及单位
A	面积,m^2
C_p	定压比热容,$J \cdot kg^{-1} \cdot K^{-1}$
D	直径,m
h	换热系数,$W \cdot m^{-2} \cdot K^{-1}$
h_{fg}	汽化潜热,$J \cdot kg^{-1}$
k_{eff}	有效增殖因子
Kn	克努森数(Knudsen number)
L	热管长度,m
P	压力,Pa
pcm	10^{-5}
ppm	10^{-6}
Q	功率,W
r	半径,m
R	热阻,$K \cdot W^{-1}$
t	时间,s
T	温度,K
z	轴向坐标,m

希腊字母	含义及单位
μ	动力黏度,$m^2 \cdot s^{-1}$
σ	表面张力系数,$N \cdot m^{-1}$
ρ	密度,$kg \cdot m^{-3}$
ε	发射率

下标	含义
e	蒸发段

a	绝热段
c	冷凝段
ave	平均的
eff	有效的
in	入口的
out	出口的
l	液相的
v	气相的
w	壁面的

目　录

Contents

第1章 引 言

1.1 研究背景与意义

深空、深海、深地空间蕴含着丰富的战略资源,是支持 21 世纪人类可持续发展的崭新领域和宝贵财富,在国家发展和国际竞争中的战略地位日益凸显。2016 年 7 月,国务院颁布实施的《"十三五"国家科技创新规划》明确指出,包括空间核动力平台、海洋核动力平台、深地资源勘探装备在内的一系列关键技术要在"十三五"期间持续攻克[1]。伴随着各类场景技术需求的不断增加,能源动力问题已逐渐成为装备性能进一步提升的瓶颈。长续航的能源动力技术,是关乎国家海洋利益、未来深空/深地资源开发和国家安全的重要基础技术。与常规能源相比,微型核反应堆电源具有能量密度高、寿命长、体积小、机动性高、环境适应性强等诸多优势,可从根本上解决未来深空、深海、深地探索等特种场景的动力短板问题[2]。

在众多微型核电源的候选堆型中,热管冷却反应堆(以下简称"热管堆")是一种革新性的反应堆方案,与传统回路式反应堆在堆芯结构、循环动力及输热方式上均存在本质区别。如图 1.1 所示,热管堆采用全固态的堆芯布置。热管堆运行时,固态堆芯产生的裂变能传导至堆芯内的碱金属热管,热管通过内部的自然循环流动输出堆芯热量。热管自然循环的输热特性使得热管堆从设计理念上省去了回路辅助系统及泵阀部件。这些特质决定了热管堆具有系统高度简化、可靠性高、适于无人化等技术优势,并在深空、深海、深地等极端环境微型核动力领域具有广泛的潜在应用场景[2-5]。

热管堆的研究已历经 60 年发展,其技术研发在国际上已经历概念初创和积极探索期,目前已进入应用尝试阶段[6]。

第一阶段(1960—2000 年),概念初创阶段。热管冷却反应堆的设计理念最早于 20 世纪 60 年代提出。在研究初期,以美国为主的各个国家围绕热管堆开展了碱金属高温热管、耐高温核材料、耐高温燃料、热电转换等关键技术研究[6,7],并获得了系列性的研究成果,但受限于技术成熟度,热管

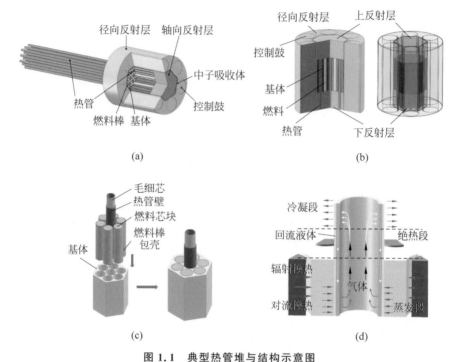

图 1.1　典型热管堆与结构示意图

(a) 热管堆示意；(b) 旋转鼓反应性控制的固态堆芯；
(c) 单组件燃料棒和热管间隔排布；(d) 基于高温热管的能量传输

堆技术研发进展缓慢。与此同时，我国也进行了热管冷却类型反应堆的概念探索[8,9]。

　　第二阶段(2000—2012 年)，积极探索阶段。21 世纪初，由于美国重新提出并制定空间探索计划，热管堆再次受到关注。在该时期，热管堆的设计形式蓬勃发展，研究者们陆续提出了 HOMER[10,11]、HP-STMCs[12]、SAIRs[13]、LEGO[14] 等热管堆设计方案，应用场景覆盖空间、陆基、星表等核动力领域，形成了千瓦级至兆瓦级的型谱化热管堆设计体系。

　　第三阶段(2012 年至今)，应用尝试阶段。在前两个阶段坚实的热管堆技术储备基础上，美国洛斯·阿拉莫斯国家实验室围绕千瓦级热管堆 KRUSTY(Kilowatt Reactor Using Stirling TechnologY)[15] 开展了集成演示验证试验研究，2012 年 9 月，该实验室与联合单位成功利用热管输热的反应堆临界装置完成了原理性测试[15]；2018 年 5 月 2 日，美国洛斯·阿拉莫斯国家实验室宣布完成了热管堆原型堆 KRUSTY 的带核试验，包括稳态、瞬态以及热阱丧失等事故工况下运行特性实验研究,该实验证实了热管堆技术路线的可行性,同时也展示了热管堆系统高度简化、固有安全等核心特性[16]。

美国在热管堆领域取得的成果受到了全球学者的广泛关注,同期我国高等院校及科研院所包括清华大学[17]、西安交通大学[18-22]、上海交通大学[23-26]、中国科学技术大学[27-29]、中山大学[7,30]、中国核动力研究设计院[31-34]、中国原子能科学研究院[35,36]、西北核技术研究所[37-39]、中国工程物理研究院[40,41]等,都纷纷开展了热管堆相关的研究工作,以期实现热管堆的工程应用。

尽管热管堆具有诸多技术优势,但是其革新性的输热原理在工程实践过程中仍存在许多理论难题与技术挑战。其中,碱金属热管作为热管堆的输热元件,决定了热管堆自然循环输热的系统特征;同时,热管的输热能力直接影响热管反应堆设计尺寸,堆芯功率越大,所需热管越多,系统体积必然相应增大,致使整体性能收益减小。因此,碱金属热管的输热特性与输热能力是影响热管堆系统特性及运行性能的关键。

在以往热管堆研究中,碱金属热管通常被简化为集总性的输热元件[42,43]。但实际上,碱金属热管本身是一个微通道两相自然循环系统,在其内部存在着复杂的热质输运过程[44]。图 1.2 展示了碱金属热管的基本构造和工作原理。碱金属热管的主要构造为一个装有气液两相工质(如钠、钾、锂)的真空管,在管内壁贴合有毛细芯。根据热量传递的方向,碱金属热管可划分为蒸发段、绝热段和冷凝段。在热管运行时,液相工质在蒸发段受热蒸发,气体在蒸气压差作用下流动至冷凝段并释热、凝结,冷凝后的液相工质在毛细芯的毛细力驱动下重新回流至蒸发段,完成一次传热循环。毛细芯提供的毛细力是热管内自然循环的最终驱动力,其自然属性、来源和作用方式决定了热管的运行机理和特性。

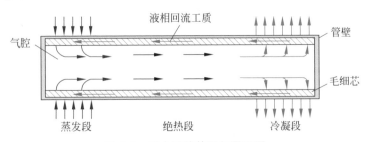

图 1.2　碱金属热管运行原理图

因此,热管堆的输热机理关键在于碱金属热管,而碱金属热管的输热机理关键在于毛细芯。毛细芯、碱金属热管、热管堆系统涉及到三个不同的研究尺度,而碱金属热管在其中起到核心及桥梁作用,连接着微观的毛细芯机理与宏观的热管堆系统特性,解决碱金属热管输热中的科学问题及瓶颈技术,是推动热管堆从反应堆概念走向工程化的必由之路。因此,开展碱金属热管的研究工作,解析其内的毛细微观机理与宏观的热质输运特性,构建从元件到堆芯及系统的分析方法,将为热管堆运行特性分析提供理论基础,这对我国热管堆技术发展和实体堆研发具有重要意义。

1.2　国内外研究现状

当前国内外学者在毛细芯微观机理、碱金属热管宏观输热特性、热管堆系统特性等三个不同的研究尺度上,已积累了大量的研究。鉴于毛细芯在碱金属热管内自然循环中的决定性作用,本节将首先介绍毛细芯的研究现状,并在此基础上进一步介绍碱金属热管的已有研究,最后将论述热管堆系统输热的研究现状。

1.2.1　热管毛细芯研究现状

热管依靠管内工质相变与循环流动来传递能量,实现此循环的毛细力来源和回流流道均是毛细芯结构。毛细芯具有多种结构形式,包括丝网芯、轴向沟槽芯、金属烧结芯、环形芯、干道芯等[45]。在热管堆的应用场景下,对热管的几何尺寸和重量有着严格限制,热管管径通常小于 20 mm,在该尺寸下丝网芯是常用的毛细芯类型,也是本书主要讨论的对象。

与经典的毛细现象相比,热管丝网内的毛细力耦合了蒸发传热和复杂几何两个关键因素。以往的热管理论中通常采用 Young-Laplace 方程的简化形式进行毛细压强计算:

$$P_{毛细} = \frac{2\sigma}{r}\cos\theta \tag{1-1}$$

式中,σ 为工质表面张力系数;r 为网孔半径;θ 为接触角。该公式形式本质是一维圆柱几何下的毛细压强公式,并且不直接体现蒸发过程的影响。丝网芯热管的毛细力由丝网内的液膜界面形态决定,而液膜形态受丝网几何构型、工质与丝网的润湿特性、丝网内工质蒸发与流动传热传质过程等因素影响。其中,丝网芯的几何构型由丝径、孔径等结构参数决定,工质与丝网的润湿特性受到分子间作用力的影响,丝网芯内工质蒸发与流动传热传质过程与液膜气液界面形态相互耦合。因此,丝网芯内毛细和相变传热耦合、交错排布的复杂三维结构形式使得式(1-1)的适用性受到了挑战。

已有大量学者针对毛细孔内薄液膜蒸发与毛细过程开展了研究,该问题的理论难点在于如何描述在固液间分子作用力影响下,液膜与固体接触线的微观形态。当前主流的理论认为,在宏观的三相接触点前,还吸附着厚度为纳米量级的前驱膜。前驱膜理论解决了三相接触线带来的应力奇异性问题(Huh-Scriven 佯谬[46]),并且已在实验上得到了证实[47-52]。1936 年,Derjaguin 等[53]首次提出分离压力的概念,对固液间分子作用力进行统一描述。1976 年,Wayner 等[54]将分离压力项引入 Young-Laplace 方程,并基于前驱膜假设,系统性地建立了一维非极性工质的薄液膜传热传质模型,如图 1.3 所示。研究表明,在气液固三相接触线附近的一个微小区域内,界面曲率受分离压力的影响迅速变化,并分为吸附液膜、蒸发薄液膜和固有液膜三个区域。在吸附液膜区,液膜分子被分离压力束缚,液膜不蒸发;在蒸发薄液膜区,液膜流动蒸发过程受毛细力与分离压力的共同影响;在固有液膜区,分离压力迅速下降数个量级,液膜主要受毛细压强的作用,液膜曲率趋于定值。

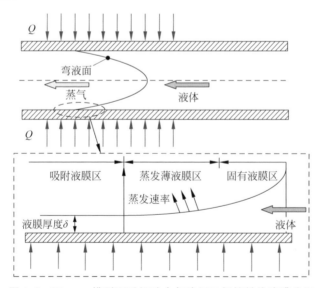

图 1.3 Wayner 模型下毛细孔内气液固三相接触线液膜分区

后续学者基于 Wayner 模型[54]开展了进一步研究,Wang 等[55,56]、寇志海等[57]、金鑫等[58]、Hanchak 等[59]进一步发展了一维蒸发薄液膜理论,针对非极性工质(正辛烷、戊烷、氨等)研究了毛细孔径、过热度、运行温度和前驱膜厚度等参数的影响。

以往理论研究针对的工质主要是非极性工质。这些模型直接应用到碱金属时会出现两个问题:一是碱金属的热导率远高于非极性工质,径/周向导热强烈;二是在碱金属与毛细芯接触的微观区域起主导作用的分离压力,除范德瓦耳斯力外还存在电场力。Kihm 等[60]和 Tipton 等[61]的研究指出,碱金属液膜的传热传质与润湿特性中,电场力不可忽略。前述研究侧重于考虑微观区域分子间作用力对液膜的影响,采用一维计算模型来简化毛细芯的几何结构。但在丝网芯中,金属丝网通过编织缠绕的方式形成毛细孔(如图 1.4 所示),丝网芯交错的几何约束将对气液界面的形态起关键作用。

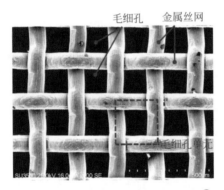

图 1.4　丝网与毛细孔单元几何结构①

近年来,有学者进一步研究了复杂几何下毛细液膜的蒸发过程。Ranjan 等[62]针对丝网型、槽道型、烧结型和垂直微孔等四种构型的丝网芯内的薄液膜蒸发过程进行了研究,采用圆柱和长方体进行结构的拓扑等效。研究表明,液膜的界面形态显著依赖于丝网芯构型的拓扑形式。对铜和水形成的丝网芯与液膜体系,在靠近丝网芯壁面区域的液膜蒸发换热系数显著大于远离丝网芯侧的液膜,液膜表面的蒸发换热呈现明显的不均匀性。

Yin 等[63]模拟了烧结和槽道两种构型毛细芯内的钠蒸发液膜传热传

①　根据丝网丝径和孔径的工艺差异,丝网的织造结构存在平纹和斜纹两种结构。如无特殊说明,本书所研究丝网的织造结构为平纹结构。

质过程,同样指出几何约束对于液膜的界面形态存在显著影响,但与水等非极性工质蒸发量集中在丝网芯壁面区域不同,钠液膜蒸发量主要集中在中心区域。Ranjan 等[62]和 Yin 等[63]的研究均指出了几何约束对于丝网芯内蒸发液膜界面形态和传质过程的重要影响,但两者的研究侧重于考虑丝网芯几何约束对于宏观液膜形态的影响,而均未考虑气液固三相接触区域内的微观机理过程,毛细与蒸发是解耦的。同时,两者研究的几何虽然比一维几何复杂,但针对丝网构型仍只考虑了其二维结构,无法反映丝网的三维交错几何影响。

除理论研究,还有大量的学者针对毛细芯的毛细特性进行了实验研究,常用的实验手段包括气泡压力法[64]、液柱下降法[65]和液柱上升法[66]等。其中,气泡压力法是通过测定样品毛细孔的气泡压力而测量毛细力;而液柱下降和上升法是通过液体的下降和爬升过程来测量毛细力,区别在于在下降法中毛细材料是经过浸润后测量液柱高度变化,而上升法是在材料未浸润的条件下进行[65,66]。在这三种方法中,液柱上升法可适用于各种类型的毛细芯结构且操作最为简单,因此得到了广泛的使用。Canti 等[67]对粉末烧结/丝网复合芯开展了毛细性能实验研究,通过测量液体上升速率以及上升高度的办法评估毛细芯的吸液能力。Tang 等[68]提出采用红外辐射热成像方法来记录乙醇工质在丝网芯内的上升过程和上升高度。Chamarthy 等[69]提出了利用荧光可视化方法测量毛细芯吸液高度的变化情况。除通过上升高度信息来反映毛细芯毛细力,还有学者利用毛细芯吸液的质量大小来评价毛细性能。Li 等[70]的实验中,将不同孔隙率毛细芯悬挂在电子天平下,驱动夹持装置将毛细芯缓慢放入盛放丙酮的烧杯中,当丝网芯到达丙酮表面时,丝网毛细作用将抽吸烧杯中的工作流体,通过电子天平记录的质量变化评估丝网芯的毛细性能。

总结而言,已有的毛细芯研究包含模型研究和实验研究。经典毛细模型高度简化,无法体现丝网交错结构等特征。当前毛细芯内的研究已深入到原子尺度,考虑固液间分子作用力(分离压力)的影响,但通常对几何进行简化。而近年来学者的研究进一步指出[62,63],毛细芯的几何结构对于液膜的毛细力和热质输运过程影响显著,需予以考虑。

现有关于毛细芯的实验研究中,工质通常采用低温工质。区别于传统的低温工质,钠等碱金属的熔点高于室温,且工质在热管内的运行温度通常高于 500℃。由于碱金属化学活性强,运行温度高,实验难度大,学界的主流思想是将碱金属和水等低温工质类比。但是碱金属无论从物质结构、化学活性还是流动传热特性,都和水等低温工质存在本质区别,因此需要对碱金属与低温工质毛细特征的一致性和差异性进行研究。此外,丝网芯结构特殊,丝网网孔的法向和切向结构差异大,并非各向同性。如何设计丝网毛细实验以体现热管运行中的丝网毛细与流动过程是实验的一大难题。丝网芯等毛细芯的研究对进一步揭示碱金属热管内的输热机理以及提升碱金属热管性能等起到关键性作用。

1.2.2 碱金属热管研究现状

碱金属热管技术的发展伴随着不断深入的研究。其中实验研究是研究碱金属热管运行规律的重要手段,而模型研究在热管运行机理揭示、热管研制、输热系统设计等方面也发挥了重要作用。

碱金属热管的运行温度通常在 $600 \sim 1500$ K,由于碱金属(如钾、钠、锂等)在常温下工质为固态,热管运行前通常都需要经历工质冷态熔化启动过程。热管的成功启动是热管运行的先决条件,因此早期有大量围绕热管启动特性开展的实验研究。1966 年,Kemme[71]研究了钾热管和钠热管在不同毛细芯结构下的输热特性,指出热管的启动特性受到工质种类、毛细芯结构及贴合形式等多种因素的影响。Kemme[71]还进一步讨论了钾热管、钠热管和铯热管的启动和运行特性,并指出热管的启动过程受声速极限的影响。1970 年,Sockol 等[72]在锂热管启动实验中观察到热管启动段和未启动段之间存在显著的温度梯度,同时热管启动段末端温度基本为恒定值,呈现明显的温度锋面推进现象。同期还有 Ivanovsikii 等[73],Bystrov 等[74],Faghri 等[75]也做了类似的启动实验研究。其中,Faghri 等[75]对丝网芯钠热管启动过程的研究最为系统和全面,该实验研究采用了四个独立控制的加热源,针对两种充液量的热管(30 g 和 45 g)进行多组工况的热管启动分析。研究表明,热管内蒸气在启动过程中存在从自由分子流到连续流的转变过程,直观上表现为温度锋面现象,同时热管启动过程显著依赖于冷端换热边界。该研究结果被后续的研究者广泛引用和参考。

在碱金属热管的启动实验过程中,研究者们还发现了一些特殊的实验现象,并逐渐总结出了在流动及传热不稳定时的热管运行边界。Tolubinskii 等[76]研究了钠热管和钾热管的启动特性,在实验中观察到了热管启动中的周期性温度脉动现象,并用亚稳态核态沸腾理论对该现象进行了初步解释。Deverall 等[77]通过改变冷凝段的换热边界研究了热管的启动特性。实验表明,换热边界将显著影响热管的启动过程。实验中出现了声速极限、黏性极限、携带极限等特殊现象。赵蔚琳和庄骏[78]通过实验研究总结了钠热管发生黏性极限、声速极限和毛细极限时的典型实验现象。黏性极限表现为低运行温度下蒸发段存在局部过热点，该现象将随着加热功率的提升而消失；声速极限类似于拉伐尔喷管的阻塞现象，在绝热段出口处气体达到声速并在冷凝段压力快速恢复，呈现冷凝段温度回升的特殊现象；毛细极限表现为蒸发段干涸且干涸位置明显过热的实验现象。

前述实验基本针对热管水平倾角运行工况，随着碱金属热管在核能、航空航天和高温余热回收等领域应用的延拓，近年来，研究者们在前人工作的基础上结合应用场景，进一步考虑倾角情形下重力和毛细力的耦合影响，并针对倾角情形①的热管启动进行了大量的补充性实验。Wang 等[79]研究了不同倾角下钾热管启动的临界功率。研究表明，在倾角小于45°时，热管完全启动的加热功率随着倾角增加而变小；在倾角大于45°的工况，热管完全启动的临界功率几乎不受倾角的影响。同时，实验中还观察到在−20°倾角下，热管无法完全启动并出现毛细极限的现象。田智星等[80]研究了钾热管不同倾角下的稳态传热极限性能。结果表明，倾角增加虽有利于加速液体回流，但同时也将导致气液界面波动致使传热恶化，两种效应相互耦合。Sun 等[81]研究了钾热管在短暂倾斜、垂直升降、周期性摇摆等工况下的热管启动和等温特性。研究表明，热管轴向温差在短暂的倾斜过程中会增加约40℃，但热管恢复水平运行后可在约 400 s 恢复至原来的运行状态；垂直升降几乎不影响热管的运行状态；周期性摇摆会造成热管温度振荡，振幅小于10℃。

此外还有学者针对碱金属热管毛细芯结构、充液率等影响因素开展了研究。Walker 等[82]比较了丝网型、槽道型、烧结型干道型、自排气干道型等钠热管的输热特性。实验表明，自排气干道热管具有最大的输热功率。Lu 等[83]比较了不同填充率热管的启动过程。在热管启动过程中，随着填充质量由 22.6 g 增加到 26.1 g，热管由启动失败转变为启动成功，且在高填充率下热管的等温性更好。Wang 等[84]比较了 80 cm 长的钾热管在 20 g 和 100 g 两种充液量情形下的热管传热性能。研究表明，正倾角对于低充液率的传热性能有改善，但是其对高充液率的热管性能几乎无影响。这些实验研究逐步揭示了碱金属热管的基本运行特性，极大地提升了工业

---

① 本书倾角均指热管与水平线的夹角，并约定蒸发段位于水平线下方的情形为正倾角，反之为负倾角。

界对于热管内运行机理的认知,为碱金属热管的理论发展及工程应用奠定了基础。

伴随着热管实验研究的是热管模型研究。碱金属高温热管从凝固状态启动至稳定运行,包括了管壁导热、蒸气流动换热、毛细芯内液相流动等高度耦合的传热传质过程。在这些非线性的物理过程中,蒸气流动从稀薄气体向连续流转变、毛细芯气液界面相变换热、毛细力及液相回流等控制方程的建立是其中的关键问题。

1965年,Cotter[85]论述了热管启动和稳态运行的物理机制,并根据热管内气体的流动状态建立了一维集总稳态模型。1967年,Cotter[86]进一步建立了热管的启动和失效的瞬态模型。随后,Kemme等[71,87],Levy等[88],Deverall等[77],Busse等[89]提出并逐步完善了碱金属热管启动中的声速极限、黏性极限、毛细极限、携带极限等传热极限的集总参数模型。1970年,Sockol和Forman[72]根据热管启动过程中明显的热段和冷段分界面现象提出了温度锋面的平面假设,构建一维热传导方程描述热管启动过程,该模型即经典的碱金属热管平面前锋模型。Beam[90]、冯踏青[91]也对该模型做了补充和完善工作。而后续如Faghri等[92]、Zuo等[93]进一步发展的热阻网络模型,也是热管模型研究早期的代表性模型。这些集总参数模型或一维简化模型的物理图像简洁清晰,在求解速度上具有显著优势,至今仍在被工业界广泛应用。但大量的简化假设也限制了这一类模型的计算精度。

随着研究的深入,逐步有学者从集总/一维延伸至二维/三维模型,从热传导过程扩展至两相流动及相变过程,以期获得更高精度的结果。1988年,Costello等[94]在模型中考虑了二维管壁/毛细芯导热和一维可压缩蒸气及液体流动过程,并利用分子动力学理论计算气液界面处的蒸发冷凝率,最终建立了一个物理过程较为全面的热管瞬态模型。1990年,Jang等[95]建立了类似的二维壁面/毛细芯导热模型和一维可压缩蒸气流动模型,但对毛细芯内液体流动过程进行简化。1991年,Cao等[96,97]针对碱金属热管启动初期的稀薄气体扩散和热管输热过程建立了二维气体自扩散模型,采用自由分子流气体和连续气体两区域假设实现了热管启动、变功率瞬态和稳态运行的模拟,模拟的壁面温度与实验测试数据符合良好。1996年,Tournier等[98]对碱金属热管提出了一个从冻结启动时蒸气自由分子流至连续流状态的统一模型,并通过实验对比对该模型进行了验证。同期还有Seo等[99]和Colwell等[100]开展了类似的工作。

可见,在20世纪80年代至90年代末期,热管模型已由研究初期的集总参数模型及热传导模型逐步发展为全流场分析模型。这个阶段的前沿理论模型均综合考虑了热管内管壁传热、气体流动、液相流动、蒸发冷凝等物理耦合过程,对应的控制方程已基本确立,模型的模拟与预测基本得到了和实验数据相符的结果。但这个阶段的模型验证对比的是热管壁面温度测量结果,因此模型控制方程中的能量方程得到了直接验证;而毛细流动等与动量方程相关的物理过程严格意义上并没有得到直接的实验验证。同时,这个时期的模型虽然考虑了毛细芯内的液相流动,但是对于毛细力、气液界面等模型均采用了高度简化处理,因此不具备模拟毛细极限等流动不稳定性现象的能力。

而从宏观气液流动过程,进一步深入到毛细芯气液弯曲界面的毛细与相变等微观机理过程,是 21 世纪初至今的学界难题。2003 年,Tournier 等[101]在原有热管模型基础上建立了二维达西模型刻画毛细芯区内的流动过程,研究了毛细芯内的液体汇聚和干涸问题。2007 年,Rice 等[102]建立了二维热管瞬态模型,在模型中采用毛细芯薄液膜蒸发模型来确定最大毛细压强,初步实现了对热管干涸过程的模拟。2011 年,Ranjan 等[103]建立了从毛细芯薄液膜蒸发过程到气液流动的多尺度热管模型,研究揭示了毛细芯气液界面弯曲对蒸发与毛细过程存在的耦合影响。这些研究均为热管研究从宏观尺度延拓至毛细芯的微观尺度做出了引领性的尝试。但 Tournier 等[101]的模型中对毛细芯模型仍采用经验关系式。在 Rice 等[102]和 Ranjan 等[103]的热管模型中,毛细芯液膜的动量方程均没有考虑电场力分量,而电场力是碱金属工质分离压力的主导项,因此严格意义上这两者的研究仍属于低温热管研究的范畴。

总结而言,已有的碱金属热管热质输运特性研究包含实验和模型研究。当前碱金属热管实验可以分为三大类:第一类是热管冷态启动特性研究。从热管研究早期至今已积累了大量这类的实验研究成果。文献均指出,碱金属热管冷态启动过程存在由自由分子流至连续流的流型转变并伴随有温度锋面现象。第二类为热管稳态运行特性研究。包括不同热流密度、倾角、冷却条件等外部因素研究和不同充液量、毛细芯结构、不凝性气体含量等热管内部因素研究,通过稳态传热性能对比,掌握高载热能力的热管特征并指导设计。第三类是热管运行不稳定性研究。热管通常具有良好的等温性和极高的输热效率,但仍存在两相振荡和极限传热能力限制热管的稳定运行边界。由于管内两相振荡实验与传热极限实验对于实验装置的热流密度和加热调节能力要求很高,该类实验的研究显著少于前两类实验。以碱金属热管关键的传热极限之一——毛细极限为例,虽然在前人的研究中已有对毛细极限发生前的热管局部过热[78,84]以及毛细极限发生时的温度骤升[79,104]等实验现象的报道,但数据点分散,尚没有学者针对碱金属热管毛细极限瞬态的规律与演变以及恢复过程进行体系性研究。由于实验研究的不足,极大地限制了毛细极限传热演变过程的物理图像形成和相关预测理论的进一步发展。热管运行的不稳定性是热管堆堆芯运行失稳的诱因,亟须理论和实验的研究补充以确认稳定运行边界从而规避风险。

而当前已有的热管模型可主要划分为三种类型:热阻模型、考虑蒸气流动的热传导模型、全流场模型。在热阻模型中,将热管内发生的固态导热、蒸发冷凝、气液流动、冷热端换热均等效为热阻的热传导过程,通过集总参数、一维或二维划分网格求解热传导能量守恒方程获得热管温度场。该类模型具有物理图像简单清晰、求解效率高等优势,但由于模型高度简化,求解精度低。第二类考虑蒸气流动的热传导模型,忽略了毛细芯内的流动过程,但考虑蒸气流动对于传热过程的影响,从而耦合热管内蒸发冷凝相变过程与固液区域的热传导过程,得到热管的温度场。在热管稳定运行时,毛细芯可提供足够的毛细力维持循环,由于液相流速低,对于热管传热过程影响小,因此这类模型可实现比较高的精度;但在热管失稳情形,尤其是对于热流变化导致的毛细芯内流动振荡与干涸现象,该类模型由于缺少相应物理过程的考虑而无法刻画。第三类模型是全流场模型,该类模型中考虑固体区的热传导过程、气相流动换热过程、液相在毛细芯中的流动过程,通过对固体区域的能量方程和气液流动能量、动量、连续性方程的求解,获得热管内温场、流场的信息。这类模型相对于前两类模型,考虑了更完备的物理过程但计算量显著增加。随着计算机算力的发展,该类模型的发展逐渐成为热管精细模拟的主流模型。但现有的全流场模型,虽然精细求解了气液的宏观流动过程,但对毛细芯内液膜蒸发与毛细力等机理过程通常采用经验关系或简化模型处理,其原因是毛细芯内热质输运尺度与气液流动的尺度不同,且毛细芯内毛细作用与蒸发过程复杂。因此现有的全流场模型虽可以体现热管内流动或传热不稳定性的物理过程图像,但由于毛细芯内机理过程的简化而精度有限。

1.2.3　热管堆系统输热研究现状

热管堆的本质是碱金属热管技术和反应堆设计技术的结合。在热管堆内,大量独立运行的碱金属热管将堆芯裂变能非能动地导出。反应堆内碱金属热管与反应堆运行过程紧密耦合,堆芯功率分布将影响堆内热管的运行状态;而碱金属热管工质熔化、蒸发与冷凝、毛细力驱动、两相循环流动等复杂运行状态或物理过程也会影响堆芯中子输运过程与核安全。这些都导致了反应堆内碱金属热管与传统非核领域热管的本质性差异。传统工业领域通常将热管视为一个传热部件,分析热管的表面运行温度,关注系统运行的稳态特性,简化考虑或无须考虑热管内部更为基础的毛细过程、气液相变和循环,这样已能满足大部分的应用场景,不需涉及反应性反馈或核安全等问题。但应用于核领域特别是堆内的热管,因核安全要求而具有一定特殊性。严苛的核安全运行意味着要对堆芯启堆、停堆、升降功率、偏离稳态运行及事故工况下堆芯内物理过程状态的全面掌握,其中包括对运行机理的洞悉、运行过程风险的知察和不稳定性的预测。因此,在反应堆内使用热管,对热管的内在运行过程和机理的研究提出了更高的要求。

　　热管的正常输热是热管堆稳定运行的前提,碱金属热管的运行温度与运行状态变化将深刻地影响热管堆的运行特性。以钠热管堆启堆过程为例,由于钠热管的运行温度在 650℃ 以上,因此固态堆芯的启动运行将经历从冷态到高温热态的运行温度变化,与之伴随的固态堆芯高温热膨胀及固-固接触将导致堆芯内非均匀变形,进而引发反应堆内燃料芯块和包壳间、包壳和基体间以及热管壁和基体之间的气隙厚度变化。在此过程中,中子物理学效应、热工效应、力学效应相互影响,呈现复杂的多场耦合现象。研究表明,固态堆芯热膨胀效应是热管堆中反应性反馈的重要来源。美国爱达荷国家实验室的 Sterbentz 等[105]研究表明,从冷态到热态满功率,MegaPower 热管堆基体和燃料轴向热膨胀分别导致-＄0.45 和-＄0.37 的反应性变化,热膨胀反馈和温度多普勒反馈的反应性系数相当。美国洛斯·阿拉莫斯国家实验室的 Poston 等[106]研究表明,热膨胀占 KRUSTY 反应堆反馈的 90％。通过热膨胀反馈,KRUSTY 反应堆系统可在最终热阱丧失事故中通过堆芯自身的自稳调节完成降功率安全运行[107]。Poston 等[108]通过热管堆原型堆的瞬态实验研究与分析进一步证明了该结论。在国内,清华大学的 Guo 等[109]、上海交通大学的 Xiao 等[23]基于蒙特卡罗方法,针对 KRUSTY 反应堆的热膨胀与中子物理间的耦合效应开展了研究。研究均指出,热膨胀带来的反应性反馈在热管堆中占主导地位。

　　除热管堆的反馈特性,当前针对碱金属热管熔化启动、热管失效等特殊工况下的热管堆运行特性也开展了大量研究。美国加利福尼亚大学伯克利分校的 Greenspan 等[110]研究了 HP-ENHS 热管堆的热管输热性能,结果表明,单根热管载热量小于热管传热极限的 1/3,在热管失效后反应堆仍有较大的热工裕量。美国爱达荷国家实验室的 Sterbentz 等[105]分析了 MegaPower 热管堆在单热管、相邻双热管、相邻三热管失效下的堆芯热工和力学特性,研究表明,在相邻双热管失效下堆芯热工裕量仍满足设计需求,但热管失效导致的局部温场变化将引发显著的应力集中问题,威胁堆芯的完整性。美国洛斯·阿拉莫斯国家实验室的 Matthews 等[111]进一步指出,堆芯基体的应力限值是热管堆性能瓶颈指标之一,计划未来以有限元求解器 MOOSE 为平台,搭建针对热管堆耦合分析工具,以分析和评估热管堆的安全特性与性能上限。在国内,西安交通大学的 Yuan 等[19]基于点堆动力学模型、单通道集总参数传热模型和平面前锋/热阻网络两阶段热管传热模型,建立了热管堆系统分析程序,分析热管堆的启堆过程,结果表明,碱金属热管工质熔化与温度锋面启动过程对反应堆启堆过程影响显著,同时热管冷端与热端的传热适配将对热管堆启堆成败起决定性作用。西安交通大学的 Sun 等[112]研究了热管堆启堆过程中热管内碱金属工质熔化及液位高度变化对堆芯反应性的影响,计算表明,热管内的气液工质随运行温度提升为正反应性反馈,其中钾热管为 0.08 pcm/K,钠热管为 0.06 pcm/K。西北核技术研究所的李华琪等[37]建立了基于点堆动力学模型的热管堆系统热工分析工具,研究了热管堆单根热管失效、旋转鼓误动作等典型事故下堆芯的响应特性,该研究表明,在堆内单根热管失效时,失效区域的燃料温度显著升高约 140℃,而后燃料的负反应性反馈将使得堆芯降功率运行;而在旋转鼓误动作事故中,热管堆同样因燃料膨胀变化而具有自稳调节能力。清华大学的 Guo 等[113]基于蒙特卡罗方法、点堆动力学模型以及自扩散/平面前锋/热阻网络的三阶段热管传热模型,研究了 KRUSTY 热管堆在热阱丧失事故后的堆芯恢复运行过程,该研究指出,反应堆的峰值温度约840℃,该值远小于安全限值,同时反应堆能在约 2500 s 内自主调节至新的稳态。

总结来看,热管堆内中子物理学、热工及力学等高度耦合,其中热管的输热特性及堆芯的反馈特性是反应堆系统特性分析中的关键因素,决定了固态堆芯自稳调节能力。当前热管反应堆系统分析方法已经初步建立,但模型高度简化,其中热管模型尤为简化。在热管分析模型上,当前主流分析方法基本采用热阻模型。在反应堆系统中,由于涉及核安全,不仅需要准确预知热管的稳定运行特性,还需要对危及堆芯安全的热管不稳定运行特性(如热管启动、温度振荡、毛细极限等)进行考量。而高度简化的热管模型,限制了对热管堆系统运行特性及稳定运行边界的设计分析和预测。同时，由于热管堆与传统回路式堆型截然不同的堆芯结构、输热机理和循环动力，现有的针对传统堆型的设计方法及分析准则不再适用。当前尚没有从系统级考虑热管两相瞬态、固态堆芯中子物理、传热与力学等多物理过程强耦合效应的方法和工具。

1.2.4　研究现状小结

针对热管毛细芯、碱金属热管及热管对堆系统输热特性的影响，总结国内外研究现状如下：

（1）丝网芯是热管毛细芯结构的主要形式之一，丝网芯内弯曲液膜的毛细力是丝网芯热管内部循环驱动力的最终来源。经典的毛细模型高度简化，无法体现丝网交错结构和液膜蒸发等关键特征，而近年来有学者提出了复杂几何下毛细芯的模型，但由于缺少关联毛细微观机理和液膜蒸发的纽带，通常采用解耦分析模型。而在实验研究方面，碱金属工质的丝网毛细性能实验研究文献极少。由于实验研究不足，丝网芯碱金属热管的热质输运机理研究发展受限。

（2）热管技术作为一种传热领域的通用技术，已有大量的研究和应用。但有别于已在传统工业领域成熟应用的低温工质热管，碱金属热管因其运行温度高，主要应用于航空、核能等特种领域，相关的理论及实验研究相对较少。当前鲜有结合热管堆运行特点的碱金属热管瞬态传热全过程模型。碱金属热管在启动过程中还受到启动失效与毛细极限等物理过程的限制，其成功启动是运行的前提，而毛细极限则决定了其运行性能与失效模式，应是研究关注的焦点，但目前针对碱金属热管启动失效与毛细极限的研究不足。

（3）热管的正常输热是热管堆稳定运行的前提，碱金属热管的运行状态将深刻影响热管堆的运行特性。当前热管反应堆系统分析方法已经初步建立，但关键的热管模型往往被高度简化，鲜有结合热管堆运行特点的碱金属热管瞬态输热模型，限制了对热管堆的设计、分析和预测，对热管输热特性如何影响热管堆系统的核特性与核安全，还存在一定的认知盲区。

综上，有必要结合热管堆应用场景，从碱金属热管的毛细芯机理出发，研究碱金属热管的输热特性，并在此基础上进一步分析热管堆的运行特性，最终多尺度地揭示热管堆的运行机理，为热管堆发展提供理论基础。

1.3 研究内容

热管堆是以碱金属热管为传热元件的固态反应堆,碱金属热管的输热特性对于热管堆系统性能至关重要。因毛细芯提供了热管自然循环输热的源动力,故有必要从毛细循环作用机理出发,研究碱金属热管瞬态输热特性,进而揭示热管堆的系统输热特性。

本书技术路线如图1.5所示,涉及毛细芯、碱金属热管、热管堆系统三个尺度。具体而言,本书以丝网芯钠热管为研究对象,从丝网芯及碱金属热管的机理过程出发,开展丝网芯毛细动力学实验研究和钠热管输热实验研究,建立基于丝网芯毛细循环机理的钠热管输热模型。在此基础上,建立热管堆系统分析方法,进一步研究热管堆的系统输热特性。

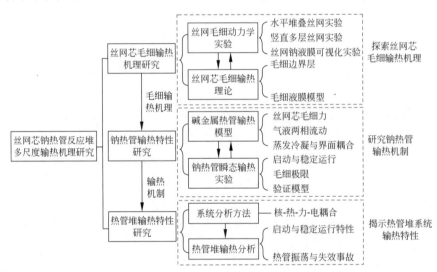

图1.5 研究内容与技术路线

主要内容包括:

(1) 丝网芯毛细输热机理研究

围绕丝网芯毛细动力学开展机理性实验,探索钠在不同温度及目数丝网芯内的浸润、毛细输热等动力学特性。同时,从丝网芯三相接触区域分子间作用机理和交错丝网内毛细液膜蒸发等关键物理图像出发,建立丝网芯毛细输热理论。结合模型与实验,揭示丝径、孔径、液位高度等因素对蒸发钠液膜传热传质过程与毛细力的影响机制。

（2）钠热管输热特性研究

基于丝网芯毛细输热机理，结合钠热管气液两相循环的动量、能量、质量守恒方程，建立碱金属热管全流场模型。同时，开展钠热管输热实验，研究热管在不同倾角、不同加热功率、不同冷却条件下的瞬态输热特性和毛细极限特性。结合实验与模型，揭示热管的冷态启动、温度振荡与毛细极限等运行不稳定性的内在机制。

（3）热管堆系统输热特性研究

基于碱金属热管输热模型，考虑热管堆内中子物理、固态堆芯传热与力学、能量转换等物理过程高度耦合的特征，建立热管堆核-热-力-电系统耦合分析方法。研究热管启动、热管振荡、极限失效等特殊工况下的反应堆输热特性，揭示热管堆自稳调节等固有安全机制，并为热管堆系统的设计与分析、事故的预测与应对提供参考。

1.4　组织结构

本书剩余章节的组织结构如下：

第 2 章至第 3 章是丝网毛细芯机理研究。第 2 章开展以钠为工质的丝网芯毛细提升和动态液膜铺展实验。第 3 章介绍丝网芯毛细输热模型的建立与验证过程。

第 4 章至第 5 章为钠热管输热特性研究。第 4 章建立碱金属热管输热模型。第 5 章开展钠热管实验，包括不同倾角、不同加热功率下的热管启动特性实验和毛细极限实验。

第 6 章为热管堆系统输热特性研究，建立热管堆核-热-力-电系统耦合分析方法，并针对热管启动、热管温度振荡、热管极限失效等工况下的热管堆运行特性开展分析研究。

第 7 章是对本书内容及创新点的总结，并对可在本研究基础上进一步探索的内容进行展望。

第 2 章　丝网芯毛细动力学实验研究

2.1　本 章 引 论

如 1.2.1 节所述,碱金属热管作为热管堆核心传热元件,其内部的毛细芯对于热管输热过程至关重要。丝网芯是一种重要的毛细芯类型,对于丝网芯热管,丝网孔提供的毛细力驱动着热管内的工质循环,同时丝网间隙为液相回流提供流道。因此,丝网芯既是循环的动力来源,也是液相工质回流的阻力来源。

在丝网芯钠热管中,考虑到钠的运行温度及材料相容性,通常采用不锈钢作为丝网的结构材料。前人针对钠在不锈钢平板表面的润湿特性已开展了实验研究[114],但针对丝网芯表面的钠液膜毛细润湿过程尚未有文献报道。热管内的丝网芯具有丝网缠绕与堆叠等几何特征,其毛细动力学过程与平板表面铺展的毛细动力学过程具有本质性差异,亟待实验补充。此外,丝网芯对流动还存在着阻力作用,交错丝网流道的阻力特性也需要通过实验确定。

本章采用毛细提升法,探索了钠在水平堆叠丝网芯和竖直平板丝网芯内的毛细动力学特性。同时,开展了单层丝网芯毛细浸润过程的可视化实验,以期观察在不同温度区间内钠毛细液膜成型、铺展、平衡、干涸动态演变等过程现象。这些研究将对丝网芯毛细输热理论的建立、热管丝网芯工艺的选取等方面提供基础。

2.2　丝网芯毛细动力学实验方案

毛细提升法是常用的丝网芯毛细特性实验研究方法[65,66]。若丝网芯毛细力方向和毛细流动方向相同,则可以通过测量瞬时的毛细提升高度或质量曲线,同时确定丝网芯在毛细提升方向上的毛细压强和渗透率。

但在热管内的丝网芯,其毛细力方向与流动方向并不一致。图 2.1 展示了热管内丝网芯的工作原理,维持热管正常运行的毛细力是由丝网芯孔内的弯液面产生的,毛细力大小与弯液面曲率相关[115]。在蒸发段,液体退回到芯孔中,因此在丝网孔中的弯液面高度弯曲,而在冷凝段丝网孔处的液体弯液面几乎是平坦的[44]。弯液面在蒸发段和冷凝段间的界面曲率差异会在沿管道的长度方向上产生毛细压强梯度,该毛细压强梯度驱动流体从冷凝段回流至蒸发段。在该循环中,热管中的毛细力方向是丝网孔的法线方向,而液体流动方向是丝网孔的切线方向。由于丝网芯的毛细力方向与流动方向正交,因此无法通过单个毛细提升实验同时确定丝网芯的毛细力和阻力。需要分别开展丝网孔法向和切向的毛细提升实验,以确定丝网孔的毛细力特性和丝网芯的阻力特性。

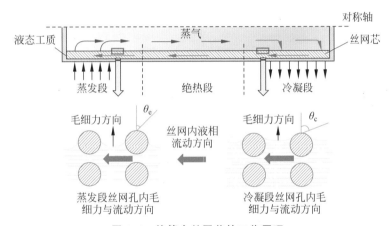

图 2.1　热管内丝网芯的工作原理

图 2.2 展示了沿丝网孔法向和切向进行毛细提升实验的示意图。实验中将设计采用水平堆叠丝网研究丝网孔法向毛细提升过程(原理对应图 2.2(b));采用竖直平板多层丝网样品研究丝网孔切向流动阻力过程(原理对应图 2.2(c))。

2.2.1　丝网芯毛细动力学实验装置

钠的化学性质活泼,极易与空气中的水、氧气等发生反应导致氧化甚至引发燃烧等安全事故。因此,实验全过程均在惰性气体环境的手套箱内完成(如图 2.3 所示)。图 2.3(a)展示了实验系统的基本构成,包括手套箱箱

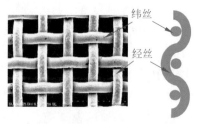

丝网孔法向视图　　　　丝网孔切向视图

(a)

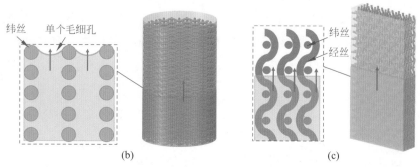

(b)　　　　　　　　　　　　　(c)

图 2.2　丝网芯交错结构及丝网孔法向和切向毛细提升实验示意图

(a) 丝网孔法向和切向视图；(b) 丝网孔法向毛细提升示意图；

(c) 丝网孔切向流动阻力示意图

体及其净化冷却装置、井式加热炉、下部称量天平等。各仪器设备技术参数
如表 2.1 所示。

表 2.1　实验仪器设备技术参数

名　　　称	数量	技术参数/备注
手套箱箱体	1 台	箱体尺寸：1250 mm×780 mm×950 mm（长×宽×高），加热炉放置面局部下沉
真空表	2 个	量程：−0.1～0 MPa
空调	1 台	集成于设备顶部，环境控温
电子天平	1 台	量程：0～220 g，精度：0.01 g
井式加热炉	1 台	控温精度：±1℃； 耐受温度：1100℃； 最大升温速率：≤10℃/min； 最大功率：1.5 kW

名　　　称	数量	技术参数/备注
不锈钢试管	1 个	钠工质容器；壁厚 3 mm，内径 60 mm，长 400 mm；温度采集采用 K 型热电偶，测点距试管底部约 1 cm
试管夹持移动驱动电机	1 个	上下限位，驱动行程范围约 300 mm

图 2.3(b)为实验段示意图，展示了毛细提升法的基本原理。在实验中，通过挂钩悬线下垂的丝网芯样品与不锈钢试管内的钠液面接触，钠在毛细力的作用下进入丝网内部，使得样品整体质量发生变化，该质量的变化幅度和变化速率分别表征了丝网毛细力和流动阻力。

图 2.3(c)和图 2.3(d)分别为观察区域示意图和实物图。称量天平底部开孔，并悬挂有与丝网样品相扣的吊钩。不锈钢试管上端配有封闭试管的盖口，可整体置入井式加热炉恒温加热，内部工质温度采用热电偶测量。同时，不锈钢试管整体被驱动电机夹持(图 2.4)，通过步进电机可调整试管高度，从而调节下垂的丝网芯样品在钠中的浸没深度。

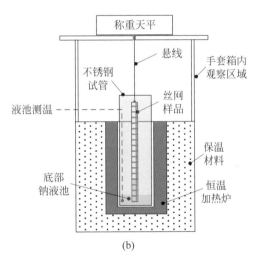

(a)　　　　　　　　　　　　　　(b)

图 2.3　提升法毛细力测量实验段

(a) 手套箱系统；(b) 实验段示意图；(c) 观察区域示意图；(d) 观察区域实物图

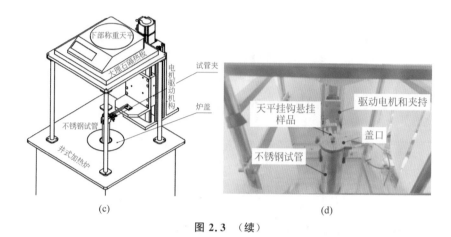

图 2.3 （续）

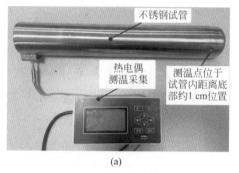

图 2.4　不锈钢试管及电机驱动机构夹持
（a）不锈钢试管基本构成；（b）电机驱动机构夹持试管

2.2.2　实验样品制备与实验流程

实验样品包括水平堆叠丝网芯样品和竖直多层丝网芯样品两类。水平堆叠丝网芯实验测量不同温度下丝网孔法向上的毛细力；而竖直多层丝网实验通过毛细抽吸的瞬态过程，确定丝网孔切向上工质流动的阻力参数。

水平堆叠的样品制备过程如图 2.5 所示，具体流程如下：①将方形 50 mm×210 mm 的 50 目粗丝网卷制成圆柱形套筒，底部封口，后续作为盛放堆叠丝网的容器；②在丝网套筒表面点焊包覆一层用于抑制蒸发的不锈钢薄片（厚为 0.2 mm），并留出 5 mm 未遮盖区，用于实验观察；③将 15 mm 直径圆片样品放入套筒，水平堆叠高度 200 mm；在套筒上下侧使用压力工装，使得样品贴紧；④样品顶部配置挂钩，用于天平悬挂称重。

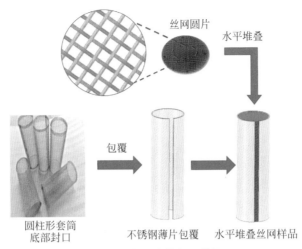

图 2.5　水平堆叠丝网样品

竖直平板丝网样品制备过程如图 2.6 所示。将丝网片裁制为 3 cm×20 cm 的矩形结构,丝网层与层之间通过点焊固定,形成多层平板丝网,样品总高度 20 cm。在丝网正面与背面点焊包覆不锈钢薄片以抑制蒸发。正面的不锈钢薄片开有左右交叠的阶梯状观察孔,单个观察孔高度 10 mm,该设计可以起到观察内部丝网抽吸高度和定位的作用。

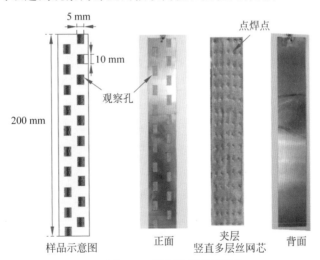

图 2.6　竖直平板丝网样品

在样品制备过程中,需要对套筒和圆片丝网进行清洗以去除样品表面油污等杂质。以圆片丝网为例,将圆片丝网样品放入盛有无水乙醇的烧杯中,使用超声波清洗仪清洗 15 min 后干燥样品,然后使用丙酮二次清洗并再次干燥。

样品清洗结束后,将样品和装有钠块的煤油瓶置入手套箱,箱内维持 0.1 MPa 的氩气惰性气体环境。打开煤油瓶,开启净化,直至手套箱内水含量和氧含量分别降低至 0.5 ppm 和 1 ppm 以下。将钠块从煤油中取出,去除钠块表面的氧化层及油污后放入不锈钢试管内,单次实验使用钠质量约 120 g。

驱动伺服电机调整不锈钢试管至合适位置。启动加热炉加热不锈钢试管,当试管内温度达到钠熔化温度后,调节电机驱动机构,使悬挂的丝网芯样品接触并进入钠池至指定深度。后续加热炉将根据设定的温度序列接续升温或降温。实验数据采集系统自动记录时间、加热炉温度、钠液池温度、样品质量等数据,采样周期为 5 s。

在前述实验流程中,丝网规格的选用至关重要。对水平堆叠丝网的毛细提升高度进行估算:

$$h = \frac{2\sigma}{\rho g r} \cos\theta \qquad (2\text{-}1)$$

式中,h 为毛细抽吸高度;σ 为钠表面张力,600℃下为 0.147 N/m[116];ρ 为钠密度,600℃下为 0.8082 g/cm³[116];g 为重力加速度;θ 为接触角,600℃下取 10°[114]。由于实验有效加热段的长度约 20 cm,代入计算可得网孔半径应大于 0.18 mm,符合该规格的丝网目数应小于 70 目。因此水平堆叠实验丝网样品选择了 24 目、50 目、70 目三种 304 不锈钢丝来研究不同丝网孔尺寸的毛细提升作用;而对于竖直平板丝网渗透率实验,在预实验中发现抽吸最大高度主要受丝网层与层的间距和丝网目数的影响,且选用 200 目、400 目等热管常用的高目数多层丝网实验可正常开展,因此竖直平板多层丝网样品选用了 200 目、400 目两种规格样品进行实验。

本实验的工况与样品参数如表 2.2 所示,实验工况覆盖 100~650℃温度范围。

表 2.2　实验工况与样品参数

工况	类　型	丝网目数	结　构　参　数
1	水平堆叠丝网实验	24 目	0.2 mm 丝径,0.858 mm 孔径
2		50 目	0.2 mm 丝径,0.308 mm 孔径
3		70 目	0.14 mm 丝径,0.222 mm 孔径
4	竖直平板丝网实验	200 目	5 层;0.05 mm 丝径,0.077 mm 孔径
5		400 目	5 层;0.018 mm 丝径,0.0455 mm 孔径

2.2.3　实验测量参数与不确定度分析方法

丝网芯内液相流动受到毛细力、重力、黏性阻力的影响。其中,毛细力通常使用毛细管情形 Young-Laplace 方程表示[115]:

$$\Delta P_{cap} = \frac{2\sigma}{r}\cos\theta \tag{2-2}$$

式中,r 为孔隙半径。但在丝网芯中,毛细孔由交错的经丝和纬丝构成,孔隙半径无法直接求得。因此可将式(2-2)改写为

$$\Delta P_{cap} = \frac{2\sigma}{r_{eff}} \tag{2-3}$$

式中,r_{eff} 为丝网芯等效毛细孔径。由于丝网编织结构并非各向同性,由丝网芯围成的毛细孔在法向和切向上毛细力与等效毛细孔径均存在差异。为加以区分,丝网芯毛细孔法向等效孔径记为 $r_{eff,n}$,丝网芯切向等效毛细孔径记为 $r_{eff,\tau}$。等效毛细孔径的倒数为等效毛细孔曲率。

在毛细上升过程中,毛细力为驱动力,重力、摩擦力为阻力。该过程动量方程为

$$d(\rho A\dot{h}) = (F_{cap} - F_g - F_\mu)dt \tag{2-4}$$

式中,ρ 为密度;h 为工质毛细提升的高度;A 为工质的毛细提升方向的截面积;$\dot{h}$ 为工质毛细提升的速率;F_{cap} 代表毛细力;F_g 代表重力;F_μ 代表摩擦阻力。由于液体流速低,摩擦压降使用达西定律的形式。因此,式(2-4)可写为

$$\rho \frac{d(h\dot{h})}{dt} = \Delta P_{cap} - \left(\rho g h + \frac{\mu}{K}h\frac{dh}{dt}\right) \tag{2-5}$$

式中,K 为丝网芯渗透率;μ 为动力黏度;g 为重力加速度;ΔP_{cap} 为毛细压强。液体在丝网内沿法向和切向流动时渗透率存在差异,为加以区分,丝网孔法向渗透率记为 K_n,丝网孔切向渗透率记为 K_τ。

在称重法实验中,直接测量的是质量而非毛细提升高度。但可通过提升高度和对应质量的关系对式(2-5)换算。假设最大提升高度为 h_{max},对应的工质抽吸质量为 m_{max}。当样品沿毛细提升方向结构均匀时,工质抽吸质量与最大提升高度成正比,因此式(2-5)可记为

$$\rho \frac{h_{max}}{m_{max}} \frac{d(m\dot{m})}{dt} = \Delta P_{cap} - \left(\rho g m + \frac{\mu}{K}\frac{m h_{max}}{m_{max}}\frac{dm}{dt}\right) \tag{2-6}$$

式中,m 为毛细上升质量;$\dot{m}$ 为毛细上升质量变化率。

当毛细上升达到稳态时,毛细提升高度达到最大,由式(2-5)可知,毛细力与重力平衡:

$$\Delta P_{\text{cap}} = \frac{2\sigma}{r_{\text{eff}}} = \rho g h_{\max} \tag{2-7}$$

根据式(2-6)和毛细上升过程的瞬态高度测量数据,可确定渗透率 K。根据式(2-7)和最大毛细提升高度,可以确定等效孔隙半径 r_{eff}。

实验中,质量的测量不确定度为 0.1%,高度测量的不确定度为 5%,根据误差传递与标准不确定度合成,渗透率 K 的不确定度为 10%,等效孔隙半径 r_{eff} 的不确定度为 8%。

2.3　水平堆叠丝网毛细动力学实验结果分析

水平堆叠丝网的毛细提升过程如图 2.7 所示。在稳态情形下,毛细孔提供的毛细力与重力平衡,因此通过测量样品初始重量和不同温度稳态下的样品重量可获得不同温度下丝网孔法向的毛细力。

本节采用 24 目、50 目和 70 目水平堆叠丝网进行毛细实验,研究丝网芯钠浸润前和浸润后的毛细力动态与稳态特性。

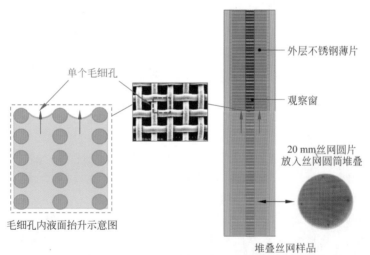

单个毛细孔

外层不锈钢薄片

观察窗

20 mm丝网圆片
放入丝网圆筒堆叠

毛细孔内液面抬升示意图

堆叠丝网样品

图 2.7　水平堆叠丝网毛细提升过程

2.3.1　钠在丝网内浸润前毛细动力学现象与分析

使用 50 目不锈钢丝网样品进行实验,丝网样品初始质量为 $130.6\ \text{g}$。图 2.8 展示了天平实时称重的样品质量,该质量变化反应了丝网内毛细力

的变化。因钠工质熔点为 98℃，在样品浸入前须将钠池加热至熔化。控制
恒温炉加热钠池温度至 150℃后，调节伺服电机使得样品浸没入液面 3 cm。
此时，天平测得样品质量突降，并小于样品自重。推测此时钠与丝网不浸润
（接触角大于 90°），因此液态钠与样品间的表面张力表现为斥力，天平测量
的样品质量下降。

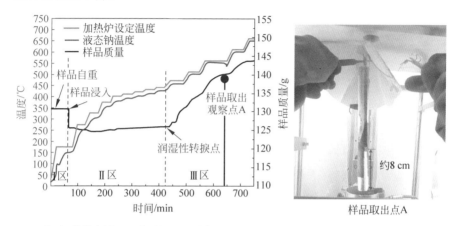

Ⅰ区：样品未浸入工质；Ⅱ区：工质与丝网样品不浸润；Ⅲ区：工质与丝网样品浸润

图 2.8　钠在水平堆叠丝网内浸润前后的毛细提升现象

控制恒温炉进一步提升钠池温度，在钠池温度提升至 400℃之前，样品
质量稳定且无明显变化。但在钠池温度从 400℃升温时，样品质量开始上
涨。推测此时钠与丝网浸润性开始发生变化。控制恒温炉继续加热钠池，
当温度进一步从 400℃上升至 650℃的过程中，样品质量持续增加，但增速
逐渐放缓。在温度约为 550℃时，取出样品进行观察（如图 2.8 所示），样品
侧面观察窗裸露的丝网呈现约 8 cm 高度的银色光泽的液体，考虑初始浸没
深度（3 cm），此时丝网内的钠工质高度提升约 5 cm。

根据丝网样品质量的变化趋势，可将丝网与钠的初次浸润的实验过程
划分为三个阶段：丝网未浸入液钠、钠与丝网不浸润、钠与丝网浸润。实验
中不同温度下毛细力和毛细提升高度如图 2.9 所示，毛细提升高度从 3 cm
增至 7 cm。在此过程中，钠与不锈钢丝网的毛细作用存在明显的温度阈
值，转捩点在 350～400℃；在 440℃后，毛细力大于 0，对应接触角小于 90°，
浸润现象发生。

针对实验过程中钠在不锈钢丝网初次浸润过程中毛细力的转捩现象开
展分析。前人研究已表明[114,117,118]，液钠在金属表面的浸润特性是由液钠

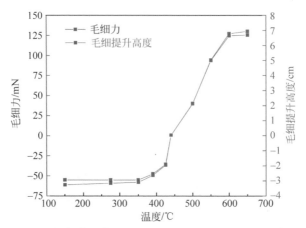

图 2.9　初次浸润过程不同温度下毛细力与毛细提升高度

与金属表面氧化膜的化学反应特性和速率决定的。不锈钢表面附着有一层致密的氧化铬,这导致了不锈钢与液钠不浸润。但当温度逐渐升高,该氧化膜与钠工质反应生成 $NaCrO_2$,从而显著改变丝网表面成分:

$$\begin{cases} 2Cr_2O_3 + 3Na \longrightarrow 3NaCrO_2 + Cr \\ CrO_2 + Na \longrightarrow NaCrO_2 \\ CrO_3 + 3Na \longrightarrow NaCrO_2 + Na_2O \end{cases} \quad (2\text{-}8)$$

上述氧化还原反应中生成的 Na-Cr-O 三元氧化物改变了丝网的表面能,影响了不锈钢与钠的表面浸润特性。由于该化学反应有明显的温度阈值,致使钠在不锈钢丝网表面的浸润性具有温度转捩的特征。

为证明该化学反应过程,实验后选取了部分丝网样品观察丝网扫描电子显微镜图像以判断实验前后的表面状态,如图 2.10 所示。样品在毛细提升实验后出现了龟裂纹路,表面粗糙度发生了明显的改变。为确定表面发

(a)　　　　　　　　　　　　　(b)

图 2.10　毛细提升实验前后丝网样品表面扫描电镜图对比

(a) 实验前;(b) 实验后

生的化学反应,使用 X 射线光电子能谱(X-ray photoelectron spectroscopy,XPS)和 X 射线衍射(X-rays diffraction,XRD)确定表面元素价态和化学产物。XPS 结果如图 2.11 所示,对比实验前后样品表面铬的价态变化知,初次浸润出现了 +3 价的铬以及少量 +6 价的铬,二者的比例约为 4∶1。通过 XRD 测试,可进一步确定 +3 价铬离子的化合物形式,由图 2.12 知,该化合物主要为 $NaCrO_2$,同时在实验后丝网表面仍残留有少量的 Cr_2O_3。该测试进一步验证了钠在丝网表面的浸润转掖现象伴随着 Na-Cr-O 三元氧化物的生成。

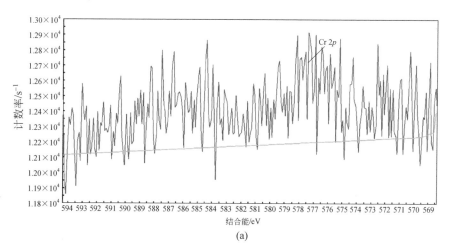

(a)

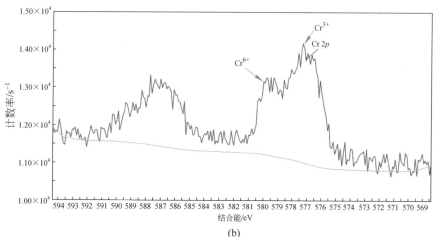

(b)

图 2.11　X 射线光电子能谱

(a)实验前;(b)实验后

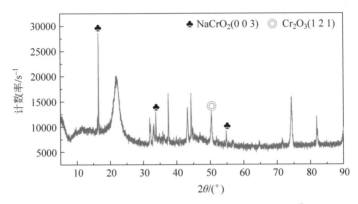

图 2.12　实验后样品表面 X 射线衍射测量结果[①]

　　值得指出的是,在 Bader 等[119]的座滴法实验中,钠在不锈钢平板表面、由不浸润向浸润状态转变的温度阈值约为 350℃。转捩现象与本实验一致,但 Bader 等[119]测得的转捩温度略小于本实验温度,推测该差异是由本实验中的测量缺陷所导致的。本实验中的工质温度通过测量钠液池内的温度确定,实际未对丝网内的钠温度进行直接测量;丝网抽吸一定高度后,毛细上升的钠与钠池之间存在热阻,因此钠在丝网内的实际温度会低于钠池温度。图 2.13 展示了不同高度位置的丝网温度的测量值,当钠池温度为 410℃时,距离钠池底部 6 cm 位置处的温度为 387℃。因此本实验使用钠液池的温度表征丝网内的工质温度,对比实际温度偏高。

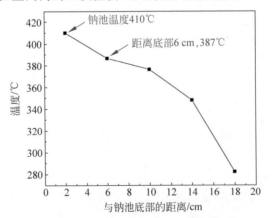

图 2.13　不同高度上丝网芯温度测量结果

---

① 图中横坐标 θ 指衍射角。

2.3.2 钠在丝网内浸润后毛细动力学现象与分析

在 50 目丝网芯实验中,第一次升温过程中发生了浸润性转捩现象,在温度升高至 650℃且稳定后,进行降温和二次升温实验。

首先控制加热炉将钠池温度从 650℃降低至约 300℃。在降温过程中,毛细力随温度减小而进一步增大。在钠池温度约 330℃时,取出样品进行观察。丝网样品侧面存在约 13 cm 高度银色光泽的液体,考虑初始浸没深度(3 cm),此时丝网内钠工质提升了约 10 cm 的高度。将样品重新放入实验试管,温度降低至 290℃,毛细力进一步增加并达到最大值,此时温度远低于初次浸润过程中的转捩温度(约 420℃),但浸润性转捩现象并未发生(图 2.14)。降温至 300℃后,控制恒温炉升温,毛细力随温度增大而略有减小。

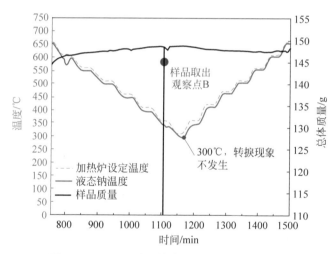

图 2.14 不同温度下钠在丝网表面的润湿特性

由第二次和第三次升温降温过程的毛细力变化趋势可推测初次浸润过程中钠与不锈钢表面的氧化铬已生成稳定的 Na-Cr-O 三元氧化物,且该过程不可逆,因此浸润转捩过程仅发生在初次润湿过程。

同时,在初次浸润后的二次浸润过程中毛细力随温度升高而呈降低的趋势。如图 2.15 所示,由于钠表面张力系数随温度的升高而降低[116],且降低幅度与实验中毛细力对应的降低幅度一致,故推测二次浸润过程中丝网芯毛细力主要由液钠表面张力系数决定。

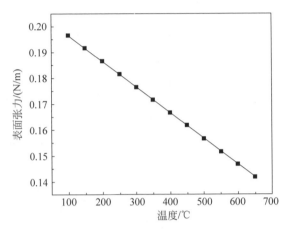

图 2.15　钠表面张力系数随温度的变化

根据式(2-2)和式(2-3)，得到初次浸润过程以及二次浸润的降温、升温过程的丝网样品的毛细孔等效曲率半径，如图 2.16 所示，其最终稳定在 2400 m^{-1} 左右。若使用丝网芯丝径与孔径之和的 1/2 作为丝网孔的特征毛细孔半径，则丝网孔等效接触角约为 50°，该结果远大于 Bader 等[114] 使用座滴法测得的钠在不锈钢平板表面的接触角结果(约 5°)。由于丝网结构存在表面曲率和粗糙度，且丝网芯抽吸工质液位处于动态变化，这些因素共同决定了丝网芯实验与平板实验间的差异。

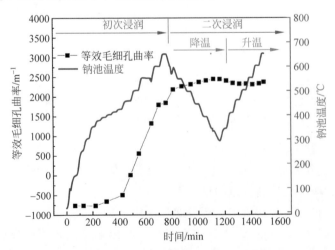

图 2.16　丝网孔等效毛细孔曲率在初次浸润和二次浸润过程中的变化

　　此外,实验中还观察到钠蒸发过程对样品质量测量的影响。在约450℃,样品质量发生波动,如图 2.17 所示。这是由于蒸发与毛细提升过程耦合导致的,钠的蒸发消耗使得样品质量下降,而毛细提升将补充丝网样品内蒸发消耗的质量,最终引发了样品质量的波动变化。由于在实验中样品外表面被不锈钢薄片包覆,蒸发导致的质量波动得到了有效抑制,如图 2.17(a)所示,此时,样品质量的振幅小于 1 g。如果去除样品外表面包覆的不锈钢薄片,样品质量变化如图 2.17(b)所示,可观察到工质温度达 450℃后显著的质量波动,且在 500℃后进一步加剧,蒸发产生的气流对悬挂样品产生了扰动,振幅可达 15 g。该现象可用钠蒸气连续流动状态进行解释,蒸气的流动状态可使用克努森数 Kn 定量表示:

$$Kn = \frac{\lambda}{D} = \frac{1.051kT}{\sqrt{2}\,\pi\sigma^2 pD} \tag{2-9}$$

式中,k 为玻尔兹曼参数;σ 为碰撞直径;p 为蒸气压力;D 为气体特征直径;T 为蒸气温度。当 $Kn < 0.001$ 时,钠蒸气为连续流动状态。取 D 为样品直径,计算得到本实验中钠蒸气连续流动的温度为 477℃,与实验中蒸发波动的温度区间一致,因此在约 450℃后,钠蒸发过程显著增强。因实验中采用了不锈钢薄片包覆样品,在一定程度上可抑制该振荡过程的影响。

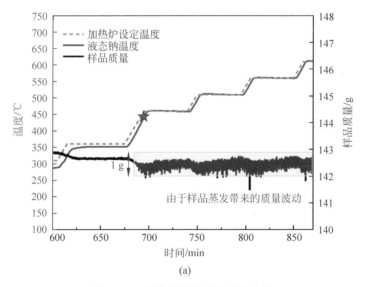

(a)

图 2.17　蒸发导致的质量测量波动

(a) 丝网表面包覆不锈钢薄片;(b) 丝网表面未包覆不锈钢薄片

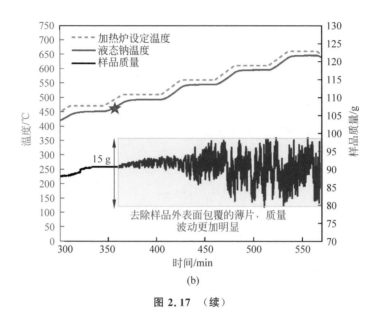

(b)

图 2.17　（续）

2.3.3　不同目数丝网的毛细动力学现象与分析

除 50 目丝网外,实验中还对 24 目和 70 目丝网进行了实验。不同丝网在初次浸润过程中均存在浸润性转捩过程,其现象基本一致。

在二次浸润实验中,对 24 目和 70 目丝网采用不同形式的升降温序列,样品质量变化如图 2.18 所示。图 2.18(a)中,加热炉控制液钠温度线性上升后线性下降,样品质量基本也呈现线性变化。在图 2.18(b)中,70 目丝网先线性降温后阶梯状升温,相应地,样品质量线性增加后呈阶梯状降低。综合 24 目和 70 目样品质量变化规律知,二次浸润过程毛细力与温度负相关,但毛细力随温度的整体变化并不显著。

不同目数丝网的最大毛细提升高度及毛细力的比较如图 2.19 所示,随着丝网目数的增加,最大毛细力和最大毛细提升高度基本呈线性增加的趋势。根据式(2-3),毛细力与丝网等效孔径成反比。随着丝网目数的增加,等效孔径逐渐减小,因此毛细力增加。

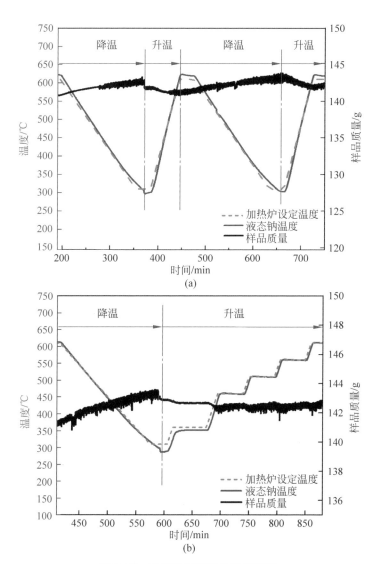

图 2.18　升降温过程样品质量变化

（a）24 目水平堆叠丝网二次浸润过程升降温过程；

（b）70 目水平堆叠丝网二次浸润过程升降温过程

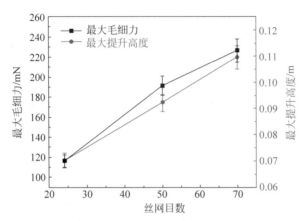

图 2.19 最大毛细力与最大提升高度随丝网目数的变化

2.4 竖直平板多层丝网内毛细流动阻力实验结果分析

竖直平板多层样品的毛细力来源主要为竖直丝网层与层之间形成的孔道,如图 2.20 所示,此时液相抽吸的流动方向与丝网芯热管内的液相流动方向一致。因此,根据式(2-5),可通过测量竖直平板样品在毛细提升时工质质量随时间的瞬态变化,确定丝网孔切向工质流动阻力参数。

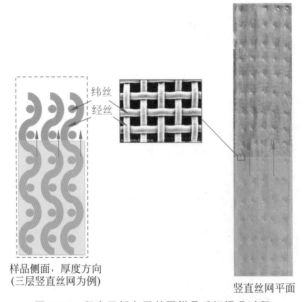

图 2.20 竖直平板多层丝网样品毛细提升过程

本节采用 200 目和 400 目竖直平板多层丝网进行毛细提升实验。与水平堆叠丝网实验过程类似,采用电子天平记录丝网芯在升温过程中样品的质量变化,并在升温实验结束后取出样品记录该时刻的质量和对应的提升高度。

以 200 目丝网竖直平板样品为例,样品初始质量为 42.56 g。控制恒温炉加热钠池温度至 150℃,并驱动伺服电机将样品浸入钠液面 3 cm,此时由于钠与丝网不浸润,样品质量突降。而后进一步提升恒温炉温度,在约 60 min 内将加热炉设定温度由 150℃ 提升至 600℃。

竖直平板样品毛细提升质量随时间的变化如图 2.21 所示。在加热炉设定温度达到 450℃时,平板样品出现与水平堆叠丝网样品实验类似的润湿性转捩现象。该时刻后样品质量开始迅速增加。考虑到加热炉设定温升速率较大且加热系统存在热容,此时丝网内钠工质的实际温度应小于 450℃。

在平板样品达到最大毛细提升质量后取出样品,如图 2.22 所示,从阶梯状观察孔可知,此时钠液位高度约为 13 cm,考虑到浸没深度 3 cm,因此最大毛细提升高度约为 10 cm。

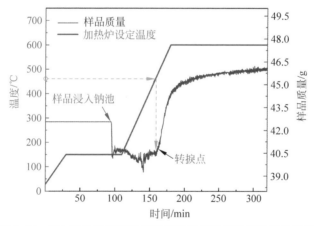

图 2.21　200 目丝网竖直平板样品毛细提升质量随时间的变化

使用 400 目丝网竖直平板样品重复上述实验过程。当样品沿毛细提升方向均匀时,工质抽吸质量与最大提升高度成正比。图 2.23 展示了 200 目丝网竖直平板和 400 目丝网竖直平板毛细提升高度随时间的变化,二者上升速率基本一致。根据式(2-6)拟合样品的渗透率,200 目丝网竖直平板样品的渗透率为 8×10^{-12} m^2,400 目丝网竖直平板样品的渗透率为 1×10^{-13} m^2。

图 2.22　样品毛细提升达到最大质量后取出

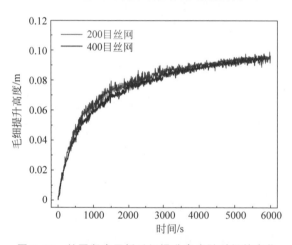

图 2.23　丝网竖直平板毛细提升高度随时间的变化

但毛细芯渗透率在以往的文献报道中通常在 $10^{-11} \sim 10^{-9}$ m^2 量级[67-70,120-122]。造成该量级差异的原因是,竖直平板毛细提升过程中钠需要先与丝网表面发生氧化还原反应后才能润湿丝网。由于该化学反应较为缓慢,导致毛细提升速率主要受该化学反应速率的限制(由图 2.23 知,该化学反应至稳定所需时间约 6000 s)。因此应在钠与丝网完全润湿后进行毛细提升实验,测定该样品的渗透率,但由于竖直平板样品在钠沾污后难以处理,因此该实验方案并不可行。

前人的毛细芯实验中指出,渗透率主要由毛细芯流通截面等几何因素决定,基本不受工质种类的影响[121]。因此,采用乙醇作为替代工质,使用 400 目丝网竖直平板样品进行毛细提升实验。由于乙醇化学性质稳定,该实验无需在手套箱内进行,装置如图 2.24 所示,主要包括丝网样品,直尺和烧杯。实验前,使用无水乙醇及超声波清洗仪清洗丝网,清洗 30 min 后自然风干样品。实验中,样品竖直放置,样品底部浸没约 2 cm 无水乙醇,采用高速摄像机记录丝网芯内液位高度变化,同时使用式(2-6)确定样品的渗透率。结果如图 2.25 所示,使用乙醇测得 400 目丝网平板样品的渗透率为 4.5×10^{-10} m^2。

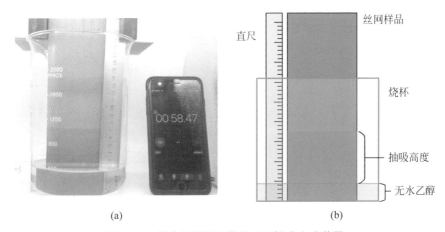

图 2.24 竖直平板丝网样品毛细提升实验装置

(a) 测量实验装置;(b) 实验装置示意图

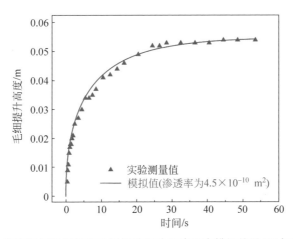

图 2.25 竖直平板丝网样品毛细提升实验及渗透率模拟结果(层与层间点焊)

　　此外,实验发现,竖直平板丝网毛细提升高度和渗透率受丝网间距的影响显著。前述多层丝网样品中层与层之间通过点焊固定,丝网层与层的间距为 $50\sim100~\mu m$。若使用扩散焊工艺将丝网样品紧密连接,层与层间距将小于 $10~\mu m$,此时 400 目多层扩散焊丝网的毛细提升测量结果如图 2.26 所示,相比 400 目多层点焊丝网,多层扩散焊丝网毛细提升高度增加约 2.5 倍,但渗透率显著减小约 1 个数量级($3.5\times10^{-11}~m^2$)。图 2.27 对比了 200 目与 400 目竖直平板扩散焊丝网芯样品的渗透率测量结果。其中,200 目扩散焊丝网芯样品的渗透率为 $6.0\times10^{-11}~m^2$,对比 400 目丝网芯样品测量结果知,丝网芯渗透率随丝网目数增加而减小。

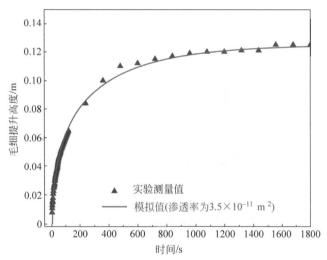

图 2.26　竖直平板丝网样品毛细提升实验及渗透率模拟结果(层与层间扩散焊)

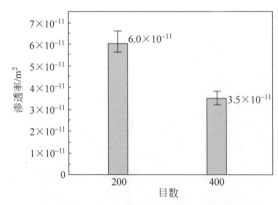

图 2.27　不同目数竖直平板丝网渗透率实验结果(层与层间扩散焊)

2.5　钠在丝网表面毛细浸润动态过程中的可视化实验研究

除使用毛细提升装置定量测量丝网芯的毛细力和阻力外,本章还设计了热台显微镜实验装置,用于观察单层丝网表面钠的浸润与铺展过程,拍摄不同温度下丝网芯内的钠液膜形态,以期直观地观察钠在丝网内浸润过程。

2.5.1　钠在丝网表面毛细浸润动态过程中的可视化实验设计

实验采用的热台显微镜如图 2.28 所示,实验装置参数见表 2.3,可观察拍摄 1 μm 量级样品。试样室尺寸直径 7 mm,观察光孔直径 1.7 mm,观察窗口至样品距离 6.8 mm。试样室采用铂金电热材料热台加热,温度可高达 1500℃,通过控温仪可调升温速率,外部通过循环水冷却。

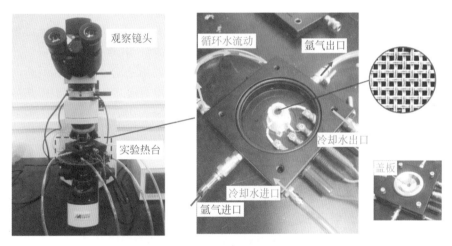

图 2.28　钠在单层丝网内毛细浸润过程的可视化实验设计

为防止钠氧化,在整个实验过程中向热台内部通入流动的高纯氩气作为保护气。在热台中部的坩埚底放置不锈钢垫片,防止液态钠粘连坩埚。

实验开始前先对坩埚预热,随后取出准备好的固态钠样品放置在底部的不锈钢垫片上,再放入单层的丝网样品并封闭热台。热台放置在显微镜下。调整显微镜倍数至清晰,开始加热并对丝网液膜进行拍摄。实验中通过控温仪改变坩埚温度从室温 25℃ 逐渐升高至 150℃、300℃、400℃、450℃、500℃、530℃、550℃ 以及 600℃,并观察单层丝网内液膜轮廓等可视化信息。

表 2.3　热台显微镜系统参数

项　　目	说　　明
目镜	视场 $\phi22$ mm,具备 10 倍放大倍数
物镜	具备 5 倍、10 倍、20 倍、50 倍、100 倍放大倍数
高温热台	循环水冷却,最高加热温度达 1500℃,控温精度 1℃
成像系统	630 万像素高清工业相机

2.5.2　钠在丝网表面毛细浸润动态过程中的可视化实验结果分析

利用热台显微镜观察单层不锈钢丝网内钠浸润过程的物理图像。实验中样品采用 100 目的不锈钢丝网,在显微镜下放大 100 倍之后的交错结构如图 2.29 所示,丝网孔直径约 150 μm。

图 2.29(a)是在 300℃时拍摄的丝网表面形貌,此时钠与丝网未润湿,因此丝网孔内无钠液膜。当温度上升至 400℃时,丝网孔内呈现出银白色的金属光泽,此时钠与丝网发生浸润性转捩现象,丝网孔逐渐被液钠填充。

500℃时,如图 2.29(c)所示,丝网微孔内部的液态金属钠开始不断向上浸润拓展,丝网内的钠液膜鼓出。此时钠蒸发量显著增大,对拍摄清晰度产生了影响。当温度进一步提升至 550℃时,如图 2.29(d)所示,由于钠的持续蒸发,丝网内原先鼓出的钠液膜出现了液位回退现象。进一步升温至 600℃时,如图 2.29(e)所示,液钠蒸发量进一步增大,部分微孔失去金属光泽,表明该处钠液膜已蒸干。

上述单层丝网实验在 600℃持续时间过长,钠蒸发强烈导致液膜最终蒸干。因此,更换单层 100 目丝网样品再次进行实验。该次实验中,热台内的坩埚在升温至 600℃后降温冷却。图 2.30 展示了丝网初始状态和升温冷却后丝网状态的影像对比。在初期,丝网呈现银白色光泽(图 2.30(a));但在升温并冷却后,丝网表面金属光泽丧失(图 2.30(b)),丝网表面状态发生了较大转变。由于经历了升温过程,丝网与钠之间润湿性已发生转捩,因此在降温过程中,丝网孔内始终有钠液膜,并保持到降温至钠凝固。

在初次升温冷却后再次升温,此时丝网内凝固的钠再次熔化,如图 2.31所示。实验发现,在丝网孔内的钠比处于丝网边缘的钠先发生熔化。这是由于钠的热导率比丝网高,通过丝网向钠热传导的传热路径热阻较大,因此坩埚与钠间直接通过钠自身导热传输热流。在坩埚温度升至 300℃时,丝网

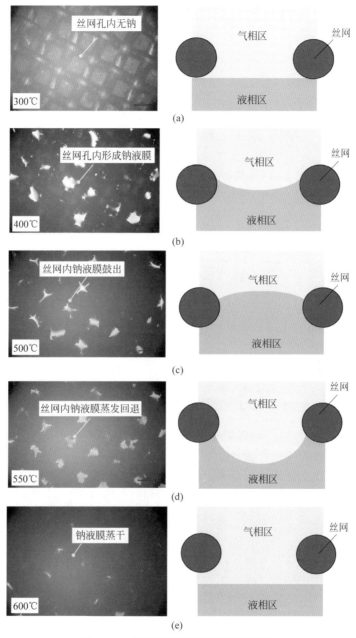

图 2.29　不锈钢丝网表面钠浸润过程

（a）300℃丝网表面拍摄图与示意图；（b）400℃丝网表面拍摄图与示意图；
（c）500℃丝网表面拍摄图与示意图；（d）550℃丝网表面拍摄图与示意图；
（e）600℃丝网表面拍摄图与示意图

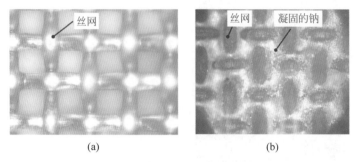

图 2.30 丝网初始状态与初次升温冷却后状态对比

(a) 丝网初始状态；(b) 初次升温冷却后

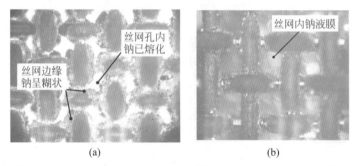

图 2.31 再次升温时丝网内钠熔化过程

(a) 二次升温钠熔化(坩埚温度 200℃)；(b) 二次升温钠完全熔化(坩埚温度 300℃)

内的钠已经完全熔化,钠以液膜形态存在丝网孔中。丝网芯的结构约束使得钠液膜气液界面呈弯曲状。

该可视化实验进一步证明了钠与不锈钢丝网在初次润湿过程存在毛细转捩现象,转捩温度约 400℃；在约 500℃时,钠蒸发将显著增强。同时,毛细液膜由于毛细力和蒸发相变过程耦合而存在动态变化,且受到丝网几何的影响。

2.6 本 章 小 结

丝网芯既是碱金属热管的循环动力来源,也是液相工质回流的阻力来源。本章结合碱金属热管内丝网芯的工作原理,设计并开展了丝网芯毛细动力学实验,包括水平堆叠丝网芯、竖直平板丝网芯的毛细提升实验和单层丝网内钠毛细浸润过程的可视化实验。主要结论如下:

　　（1）毛细提升实验表明，钠在不锈钢丝网表面初次浸润过程存在浸润性转捩现象，转捩温度约为 400℃。在此温度前，钠在丝网表面不浸润；而在此温度后，钠在丝网内的毛细提升作用显现。分析表明，该转捩现象由钠与丝网表面的氧化膜化学反应过程决定，转捩过程不可逆。丝网毛细力在浸润后趋于稳定。

　　（2）钠在丝网内的毛细力主要受丝网目数和表面张力系数的影响。毛细力随丝网目数增加呈现线性增大的趋势，同时表面张力系数增加，毛细力增加。

　　（3）竖直平板多层丝网毛细提升实验表明，丝网芯内毛细流动阻力受丝网间距和丝网目数的影响。渗透率随丝网间距增大而增大，随丝网目数增加而减小。其中丝网间距的影响最为显著。特别地，对于 400 目竖直平板多层丝网，扩散焊和点焊工艺下的渗透率分别为 3.5×10^{-11} m^2 和 4.5×10^{-10} m^2。

　　（4）单层丝网内钠毛细浸润可视化实验表明，丝网内钠液膜毛细力和蒸发相变过程耦合，因而存在动态的变化，同时丝网芯的几何约束扭曲了钠液膜气液界面。而进一步定量揭示毛细液膜的动态特征，依赖于理论模型的建立，这将在第 3 章进行研究。

　　本章获得了丝网芯毛细力与阻力的基础数据，这为第 3 章丝网芯毛细输热的理论建立以及后续章节热管丝网芯的结构选型奠定了基础。

第3章　丝网芯毛细输热理论研究

3.1　本 章 引 论

第2章通过丝网芯毛细动力学实验探索了丝网芯内钠液膜的毛细流动特性。该实验为丝网芯毛细动力学过程提供了现象学的认知,但进一步挖掘热管内丝网芯的毛细输热机制,仍依赖于理论模型的建立。本章将对丝网芯内液膜蒸发与毛细力的耦合过程建立理论模型。

如1.2.1节所述,丝网芯具有复杂的几何结构,同时丝网芯内液膜在三相接触区域受到固液分子间作用力等微观机理过程的影响。当前毛细芯内的模型研究,要么侧重于接触区域微观机理过程,会对几何进行简化;要么侧重于液膜宏观的毛细与蒸发过程,考虑复杂几何但对接触区域分子间作用机理过程简化。究其本质,是缺少了一个能将液膜微观过程和宏观过程跨尺度耦合的纽带。

为解决丝网内蒸发液膜物理过程的跨尺度问题,本章基于实验的认知,针对浸润特性已趋于稳定的丝网芯,建立毛细边界层理论。将丝网内液膜划分为分子间作用力影响的微观区域和表面张力主导的宏观区域,通过耦合毛细边界层内外区域的热质输运过程,建立丝网芯毛细输热机理模型。

进一步的,本章将应用该模型,对比分析钠工质和低温工质间毛细输热的差异性,并研究丝网孔的丝径与孔径、工质液位高度等几何参数对丝网芯毛细力、蒸发输热等过程的影响机制。

3.2　丝网芯毛细输热模型

丝网芯结构如图1.4所示,丝网内经丝和纬丝间隔交错排布并以上下交叉的方式点接触,同一层的经丝(或纬丝)相互平行,形成周期性的丝网孔结构。本书参考 Imura 等[123]建立的丝网芯几何方程,使用建模工具绘制出的丝网芯结构如图3.1所示。丝网芯交错的几何结构将影响丝网芯的阻力特性和毛细特性。一方面,多层丝网堆叠形成的流道将对在丝网间隙中流动的液相工质产生阻力作用,其值与丝网孔隙及截面积有关;另一方面,丝网芯的几何结构将影响丝网孔内气液界面形态,从而影响液膜曲率和液膜毛细力(图 3.2)。由于丝网芯的阻力作用和毛细作用相对独立[120],因此本书分离考虑这两种效应,分别建立多层丝网芯流动阻力模型和丝网孔毛细力模型。其中,多层丝网芯流动阻力模型将在后续章节(第 4 章)内讨论,本章着力建立丝网孔毛细力模型。

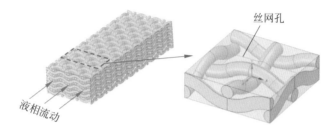

图 3.1　丝网芯结构

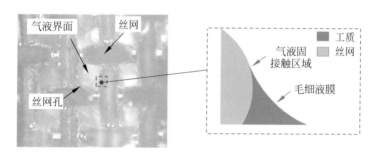

图 3.2　丝网孔内气液界面形态

　　图 3.3 中展示了该模型的整体架构,包括三相接触区域(毛细边界层)和毛细液膜区域。

　　在三相接触区域,液膜受固液间分子作用力及表面张力的共同影响。本书将建立毛细边界层理论阐明该区域分子间作用力、表面张力、蒸发流动间耦合机理过程。该区域的控制方程包括广义 Young-Laplace 方程、Hertz-Knudsen-Schrage 方程、Kelvin 方程和热传导方程。

　　而在远离三相接触点的毛细液膜区域,该区域尺度为微米级,固液间分子作用力迅速衰减至可忽略的高阶小量,表面张力占据主导。此时丝网的尺寸和交错结构等因素对毛细液膜轮廓起到关键作用。本书根据最小作用量原理,确定丝网几何约束内毛细液膜的三维液膜轮廓。使用有限体积法求解宏观区蒸发液膜的质量、动量和能量守恒方程。

　　三相接触区域和毛细液膜区域的控制方程通过几何连续性、质量连续性和温度连续性条件进行耦合。以下逐一介绍该模型的控制方程。

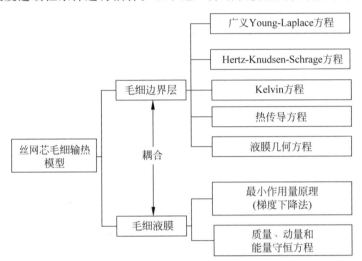

图 3.3　丝网芯毛细输热模型整体架构

3.2.1　毛细边界层定义

　　丝网孔内液膜受表面张力和固液间分子作用力的影响。表面张力是液相工质内部分子引力的内聚性和吸附性的体现,在弯曲液膜内,表面张力的呈现形式是毛细力。固液间分子作用力是丝网壁面与液相工质间分子吸引与排斥等相互作用过程的体现。由于固液间分子作用力涉及多种类型,文献中通常采用分离压力[53]对固液间分子作用力进行统一描述,其对应压强为分离压强。

　　图 3.4 展示了固液接触区域的液膜所受分离压强、毛细压强随液膜厚度变化的典型分布。可见,随着液膜厚度的增大,分离压强和毛细压强在起始阶段均呈指数形式衰减;当液膜厚度增大到一定值后,毛细压强衰减程度减慢并逐渐趋于定值,而分离压强继续呈现指数形式衰减,这是因为分离压强与液膜厚度的高阶项(二阶或三阶)负相关,而毛细压强与气液界面的曲率相关。

　　本章根据这一现象,将考虑分离压强影响的区域定义为毛细边界层,并引入特征数 ξ 用于衡量分离压强和毛细压强的相对大小关系:

$$\xi = \left| \frac{P_{\mathrm{d}}}{P_{\mathrm{c}}} \right| \tag{3-1}$$

式中，P_d 为分离压强；P_c 为毛细压强。分离压强是固液间分子间作用力的体现，而毛细压强是表面张力的体现。ξ 越小，表明分离压强对液膜的相对影响越小。如图 3.4 所示，随着液膜厚度的增大，液膜工质远离三相接触区域，ξ 迅速减小。分析表明，当液膜曲率趋于定值时，ξ 的数值位于 0.01 附近。因此，本书将以 $\xi=0.01$ 对毛细边界层进行划分，对应的液膜厚度定义为毛细边界层厚度：

$$\xi(\delta_0)=0.01 \tag{3-2}$$

此时，分离压强是毛细压强的 1%。在液膜厚度 δ_0 内的区域，定义为毛细边界层区域。在毛细边界层内，考虑分离压强与毛细压强共同的影响。而在毛细边界层外的区域（毛细液膜区），忽略分离压强的影响，如图 3.5 所示。

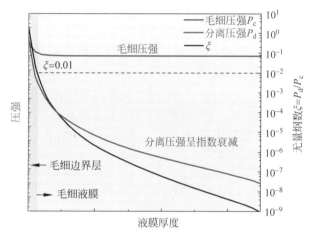

图 3.4　固液接触区域液膜所受分离压强、毛细压强随
液膜厚度变化（Y 轴为对数坐标）

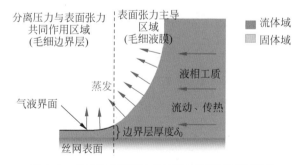

图 3.5　丝网孔气液固三相接触区域界面示意图

3.2.2 毛细边界层控制方程

毛细边界层内,液膜受分离压力和表面张力的作用。同时,液膜自身也在持续发生由相变驱动的流动和传热过程。流动换热过程与液膜受力的力学平衡相耦合,最终决定液膜的形态。

毛细边界层内的液膜典型尺度为几十纳米,几乎不受丝网宏观结构的影响,因此该区域采用一维模型简化。模型将沿用 Wang 等[56]的符号体系进行描述。相比于 Wang 模型[56],本书模型在传热方程中,进一步考虑工质内的导热过程;在力学平衡方程中,进一步考虑分离压力中电场力分量的影响。

3.2.2.1 力学平衡方程

根据广义 Young-Laplace 方程[46],气液界面两侧的压强差由毛细压强和分离压强共同决定:

$$P_{\mathrm{v}} - P_{\mathrm{l}} = P_{\mathrm{c}} + P_{\mathrm{d}} = P_{\mathrm{c}} + P_{\mathrm{d,vdw}} + P_{\mathrm{d,ele}} \tag{3-3}$$

式中,P_{l} 为液相压强;P_{v} 为气相压强;P_{c} 为毛细压强;P_{d} 为分离压强。分离压强包括范德瓦耳斯力分量 $P_{\mathrm{d,vdw}}$,电场分量 $P_{\mathrm{d,ele}}$,其表达式为

$$\begin{cases} P_{\mathrm{d,vdw}} = \dfrac{A^{*}}{\delta_{\mathrm{l}}^{3}} \\ P_{\mathrm{d,ele}} = \chi \cdot n^{\frac{1}{3}} E_{\mathrm{f}}^{0} \cdot \dfrac{1}{\delta_{\mathrm{l}}^{2}} \end{cases} \tag{3-4}$$

式中,A^{*} 为色散常数;n 为电子数密度;E_{f}^{0} 为费米能;χ 为与工质功函数有关的系数[46,124]。

对于任意二维曲面,毛细压强 P_{c} 的表达式为

$$P_{\mathrm{c}} = \sigma(K_{1} + K_{2}) \tag{3-5}$$

式中,K_{1} 和 K_{2} 分别为曲面上任意两个互相垂直的平面上的曲率,二者之和为定值[125]。在一维几何下,满足:

$$\begin{cases} K_{1} = K = \delta''/(1 + \delta'^{2})^{1.5} \\ K_{2} = 0 \end{cases} \tag{3-6}$$

3.2.2.2 蒸发质量通量与液相流动

毛细边界层内的液膜在气液界面处蒸发传热,其蒸发质量通量使用

Hertz-Knudsen-Schrage 方程描述[57]：

$$m'' = \frac{2\alpha}{2-\alpha}\sqrt{\frac{M}{2\pi R_g}}\left(\frac{P_{v\_equ}(T_{lv})}{\sqrt{T_{lv}}} - \frac{P_{sat}(T_v)}{\sqrt{T_v}}\right) \tag{3-7}$$

式中，α 为蒸发冷凝概率；M 为液相原子质量；R_g 为气体常数；P 为压强；T 为温度。下标 v 表示气体；lv 表示气液交界面。P_{v_equ} 表示气液界面平衡蒸气压；P_{sat} 表示气相饱和压。

由于气液界面存在曲率，式(3-7)中需要考虑毛细压强和分离压强对气液界面蒸气压的影响，通常采用 Kelvin 方程对气液界面的蒸气压进行修正[46]：

$$P_{v\_equ}(T_{lv}) = P_{sat}(T_{lv})\exp\left(-\frac{P_c + P_d}{\rho T_{lv} R_g / M}\right) \tag{3-8}$$

由式(3-7)和式(3-8)可知，毛细压强与分离压强之和越大，对工质蒸发的抑制程度越强；反之，则促进工质的蒸发。

在稳态蒸发条件下，蒸发的质量由液相流动补充，即毛细边界层内的蒸发质量通量与对应截面的液相流量平衡，如图 3.6 所示，因此可建立液相流动与蒸发质量通量之间的守恒关系。由于边界层内的液相流速低，采用不可压缩层流模型描述，守恒关系如下：

$$\Gamma = \rho\int_0^\delta u(y)\,\mathrm{d}y = -\frac{\delta^3}{3\nu}\left(\frac{\mathrm{d}P_l}{\mathrm{d}x}\right) = \int_{-\infty}^x m''\sqrt{1+\delta'^2}\,\mathrm{d}x \tag{3-9}$$

式中，δ 表示液膜厚度；ν 表示液体黏度；m'' 表示蒸发质量通量速率。对式(3-9)两侧求导得：

$$\frac{\mathrm{d}}{\mathrm{d}x}\left(\frac{\delta^3}{3\nu}\cdot\frac{\mathrm{d}P_l}{\mathrm{d}x}\right) = m''\sqrt{1+\delta'^2} \tag{3-10}$$

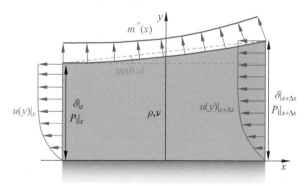

图 3.6　毛细边界层内的蒸发质量通量与对应截面的液相流量平衡

3.2.2.3 液膜热传导

由于碱金属工质具有较高的热导率,液膜及壁面的周/径向导热过程不可忽略。本章采用热阻模型考虑液膜之间的热传导效应,液膜在流动方向上的传热和壁面内的传热热阻如图 3.7 所示。各热传导过程满足:

$$Q = \frac{\Delta T}{R} \tag{3-11}$$

根据图 3.7 所示的热阻网络,可类比基尔霍夫电流定律求解各节点的稳态温度[126]。

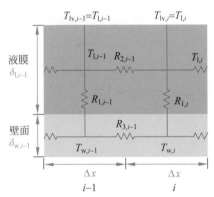

图 3.7　液膜热传导热阻示意图

3.2.2.4 毛细边界层液膜厚度几何方程

壁面曲率和接触点位置将影响液膜轮廓几何。在式(3-3)等号两侧对空间坐标 x 求导得:

$$-\frac{\mathrm{d}P_1}{\mathrm{d}x} = \frac{\mathrm{d}P_c}{\mathrm{d}x} + \frac{\mathrm{d}P_d}{\mathrm{d}x}$$

$$= -3A^* \frac{\delta' - \delta'_w}{\delta_1^4} + 2C \cdot n^{\frac{1}{3}} E_f^0 \frac{\delta' - \delta'_w}{\delta_1^4} + \frac{\sigma\delta'''}{(1+\delta'^2)^{1.5}} - \frac{3\sigma\delta'\delta''^2}{(1+\delta'^2)^{2.5}} \tag{3-12}$$

对式(3-12)等号两侧再次求导得:

$$3\delta_1^2(\delta' - \delta'_w)\left[-3A^* \frac{\delta' - \delta'_w}{\delta_1^4} + 2C \cdot n^{\frac{1}{3}} E_f^0 \frac{\delta' - \delta'_w}{\delta_1^3} + \right.$$

$$\left. \frac{\sigma\delta'''}{(1+\delta'^2)^{1.5}} - \frac{3\sigma\delta'\delta''^2}{(1+\delta'^2)^{2.5}} \right] + \delta_1^3\left[-3A^* \frac{\delta_1(\delta'' - \delta''_w) - 4(\delta' - \delta'_w)^2}{\delta_1^5} + \right.$$

$$2C \cdot n^{\frac{1}{3}} E_f^0 \frac{\delta_1 (\delta'' - \delta''_w) - 3(\delta' - \delta'_w)^2}{\delta_1^4} + \frac{\sigma \delta''''}{(1+\delta'^2)^{1.5}} -$$

$$3\sigma \left[\frac{\delta''^3 + 3\delta'\delta''\delta'''}{(1+\delta'^2)^{2.5}} + \frac{15\sigma\delta'^2\delta''^3}{(1+\delta'^2)^{3.5}} \right] = -3vm''\sqrt{1+\delta'^2} \qquad (3\text{-}13)$$

整理可得液膜厚度满足如下微分方程组：

$$\begin{cases} \dfrac{\mathrm{d}\delta}{\mathrm{d}x} = \delta' \\[2mm] \dfrac{\mathrm{d}\delta'}{\mathrm{d}x} = \delta'' \\[2mm] \dfrac{\mathrm{d}\delta''}{\mathrm{d}x} = \delta''' \\[2mm] \dfrac{\mathrm{d}\delta'''}{\mathrm{d}x} = G(\delta,\delta',\delta'',\delta''',m'') \end{cases} \qquad (3\text{-}14)$$

微分方程组式(3-14)体现了液膜厚度分布、液膜蒸发质量通量、液相压降、壁面热传导与工质横向传热的耦合关系，其初值条件为

$$\begin{cases} \delta(0) = \delta^* \\ \delta'(0) = \delta^{*\prime} \\ \delta''(0) = \delta^{*\prime\prime} \\ \delta'''(0) = 0 \end{cases} \qquad (3\text{-}15)$$

式中，$\delta(0)$ 为初始位置膜厚度，即前驱膜厚度，该初值条件的取值方法在 Wang 等[56] 和 Yi 等[61] 文章中均进行了比较详细的讨论，此处不再赘述。

3.2.3　毛细边界层外的毛细液膜控制方程

在毛细边界层外，是微米级尺度的毛细液膜区域。在该区域，分离压力迅速衰减至可忽略的高阶小量，毛细压力占据主导，需要考虑丝网几何构型对于液膜流动与传热传质过程的影响。在毛细液膜区域，还需要考虑重力的影响。采用邦德数(Bd)衡量重力与毛细力的相对效应：

$$Bd = \frac{\rho g L^2}{\sigma} \qquad (3\text{-}16)$$

Bd 越小，表明重力对毛细液膜的影响程度越小。钠热管常用的 400 目丝网，其孔径为 46 μm，对应 Bd 为 1.1×10^{-4}。此时毛细力远大于重力，可忽略重力的作用。因此，毛细边界层外，毛细液膜仅需要考虑丝网几何构型与毛细力的影响。

本节基于丝网的几何方程和最小作用量原理,确定丝网内毛细液膜气液界面的几何方程;并使用有限体积法求解毛细液膜区域的能量、动量和质量守恒方程。

3.2.3.1　几何方程

毛细液膜的形态受到丝网几何构型、液位高度、接触角等因素约束,在表面张力的影响下,毛细液膜气液界面的形状为不规则的二维曲面。根据气-液-固三相接触点的物理成因,毛细液膜区气液界面形态应满足接触点处接触角一致的约束条件。

以往的研究中通常采用平面几何方程[127]或球面几何方程[61]刻画丝网内的液膜几何。平面几何方程无法体现气液界面的曲率特征,而球面几何方程仅适用于旋成体几何(如圆管、同心圆台)内的液膜。丝网孔为交错几何,气液界面在丝网内不同位置的接触点存在差异性,因此需要从液膜形成的能量与平衡观点出发,重新建立液膜构型的控制方程。

本章假设最终稳定的液膜形态满足最小作用量原理[128],并使用梯度下降法得到平衡状态能量最小的液膜形态。

设液膜气液界面表面能为 $\Pi(\boldsymbol{x})$,$\boldsymbol{x}$ 表示气液界面轮廓,根据泰勒公式:

$$\Pi(\boldsymbol{x} + \Delta\boldsymbol{x}) = \Pi(\boldsymbol{x}) + \Delta\boldsymbol{x}\,\nabla\Pi(\boldsymbol{x}) \tag{3-17}$$

为使得该气液界面液膜形态能量减小,则有:

$$\Pi(\boldsymbol{x} + \Delta\boldsymbol{x}) < \Pi(\boldsymbol{x}) \tag{3-18}$$

即

$$\Delta\boldsymbol{x}\,\nabla\Pi(\boldsymbol{x}) < 0 \tag{3-19}$$

令 $\Delta\boldsymbol{x} = -\alpha\,\nabla\Pi(\boldsymbol{x})(\alpha > 0)$,可得:

$$\Delta\boldsymbol{x}\,\nabla\Pi(\boldsymbol{x}) = -\alpha(\nabla\Pi(\boldsymbol{x}))^2 \tag{3-20}$$

因此,若 $\Pi(\boldsymbol{x} + \Delta\boldsymbol{x}) = \Pi(\boldsymbol{x} - \alpha\,\nabla\Pi(\boldsymbol{x}))$,则可保证式(3-18)成立。采用梯度下降法更新气液界面形态,即

$$\boldsymbol{x}' \leftarrow \boldsymbol{x} - \alpha\,\nabla\Pi(\boldsymbol{x}) \tag{3-21}$$

迭代计算得到最终的气液界面形态几何,如图 3.8 所示。

在获得毛细液膜的气液界面后,气液界面两侧的毛细压强可通过对界面曲率积分获得:

$$p_c = \frac{\int_S \sigma(K_{1,\mathrm{ds}} + K_{2,\mathrm{ds}})\,\mathrm{d}s}{S} \tag{3-22}$$

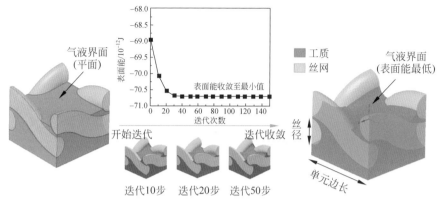

图 3.8　丝网芯内气液界面迭代过程

式中，$K_{1,\mathrm{ds}}$ 和 $K_{2,\mathrm{ds}}$ 为气液界面上微元 ds 处两个互相垂直的平面上的曲率，二者之和为该微元的曲率[125]，S 为毛细液膜表面积。

3.2.3.2　热质方程

丝网芯的流体域（工质）和固体域（丝网）如图 3.8 所示。在稳态计算中，假设毛细液膜工质满足不可压缩层流流动方程，则毛细液膜的连续性方程、动量守恒方程、能量守恒方程为

$$\begin{cases} \nabla \cdot \boldsymbol{u} = 0 \\ -\nabla P + \nabla \cdot (\mu \, \nabla \boldsymbol{u}) - \rho \boldsymbol{u} \cdot \nabla \boldsymbol{u} = 0 \\ -\nabla \cdot (\rho C_{\mathrm{p}} \boldsymbol{u} T) + \nabla \cdot (k_1 \, \nabla T) = 0 \end{cases} \tag{3-23}$$

丝网芯为重复性几何结构，图 3.8 所示单孔四周的界面满足对称边界条件，即法向速度为零，切向速度在法向上的梯度为零，温度在法向上的梯度为零：

$$u_{\perp} = u_{//} = \frac{\partial T}{\partial n_{\perp}} = 0 \tag{3-24}$$

丝网与工质交界面假设满足无滑移边界条件：

$$u_{\perp} = u_{//} = 0 \tag{3-25}$$

在丝网固体内无内热源，满足傅里叶导热定律，能量方程为

$$\nabla^2 T = 0 \tag{3-26}$$

毛细液膜区域的气液界面处蒸发传热与毛细边界层一致，使用 Hertz-

Knudsen-Schrage 方程描述[57]：

$$m'' = \frac{2\alpha}{2-\alpha} \sqrt{\frac{M}{2\pi R_g}} \left(\frac{P_{v\_equ}(T_{lv})}{\sqrt{T_{lv}}} - \frac{P_{sat}(T_v)}{\sqrt{T_v}} \right) \tag{3-27}$$

3.2.4 毛细边界层内外界面连续性方程

毛细边界层薄液膜的接触角连续变化，当液膜曲率趋于定值时，进入毛细液膜区。毛细边界层和毛细液膜间满足几何连续性条件：

$$\begin{cases} \theta(\delta) = \arccos\left[\frac{\delta\delta'' + (1+\delta'^2)}{(1+\delta'^2)^{1.5}} \right], & \delta < \delta_0 \\ \theta(\delta) = \theta(\delta_0) = \theta_{macro}, & \delta \geqslant \delta_0 \end{cases} \tag{3-28}$$

式中，δ_0 为毛细边界层内外交界面位置处的液膜厚度；θ 为接触角，在边界层内随液膜厚度变化而连续变化。而在毛细边界层外，接触角为恒定值，即表观接触角 θ_{macro}。

除几何连续性外，毛细边界层薄液膜与宏观区液膜还应满足质量流连续性条件，过渡液膜区的蒸发总量作为毛细液膜区边缘的出口流速条件，即

$$v = \frac{\dot{m}_{evp}}{\rho A} \tag{3-29}$$

式中，A 为过渡液膜区气液界面表面积；ρ 为工质液相密度；$\dot{m}_{evp}$ 为过渡液膜区蒸发总质量流量：

$$\dot{m}_{evp} = \iint\limits_S \dot{m}''_{evp} \cdot dS = 2\pi R \int_{x=0}^{x_0} \dot{m}''_{evp}(x) \sqrt{1 + \left(\frac{dy}{dx}\right)^2} dx \tag{3-30}$$

毛细边界层和毛细液膜两部分的耦合流程如图 3.9 所示。先利用毛细边界层模型确定边界层内的流动传热与气液界面几何，然后输出毛细边界层蒸发总量和气液界面与壁面之间的接触角，并作为毛细液膜模型的计算边界条件。而毛细液膜模型求解毛细边界层外的气、液、固三相区域的能量、动量、质量方程，其中三相接触线的温度作为迭代物理量传递至毛细边界层模型。毛细边界层内外物理场耦合迭代计算在达到收敛性条件后结束。

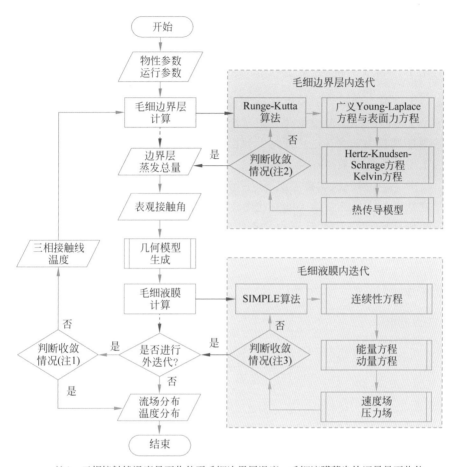

注1：三相接触线温度是否收敛至毛细边界层温度，毛细液膜蒸发热通量是否收敛。
注2：气液界面曲率是否收敛，温度是否收敛，蒸发通量是否收敛。
注3：能量、动量、连续性方程是否收敛。

图 3.9　丝网芯毛细输热理论模型计算流程图

3.3　丝网芯毛细输热模型验证

本节对丝网芯毛细机理模型进行验证。由于蒸发毛细液膜实验测量难度大，相关实验报道极少。近年来，Hanchak 等[59,129]针对正辛烷工质的蒸发液膜开展了一系列实验研究。钠和正辛烷的差异性主要体现在工质热物性和分离压力类型上，但模型控制方程的形式并未改变，因此可采用该实验数据对本节模型进行验证。

此外,使用本章模型分析和阐释第 2 章中丝网芯实验结果,进一步校核本章模型的合理性。

3.3.1　毛细边界层模型验证

本节对毛细边界层模型进行实验验证。Hanchak 等[59]基于光反射法测量了不同硅晶体壁温条件下正辛烷工质蒸发毛细液膜的厚度分布,实验的测量误差为 ±10 nm。表 3.1 列出了实验中三组工况的运行参数,正辛烷工质的物性参数可参考文献[59]。

图 3.10 为三组实验工况下,毛细边界层模型计算出的不同位置处液膜厚度结果与实验测量结果的对比图。因 Hanchak 等[59]也对实验结果进行了数值计算,故本书的计算初始条件参考了 Hanchak 等[59]的设定,本书模型平均误差约为 10 nm,这与 Hanchak 等[59]的测量误差相近。

表 3.1　实验参数表

参　　　数	实验工况 1	实验工况 2	实验工况 3
蒸发冷凝系数	1	1	1
运行温度/K	295.7	294.1	293.9
初始液膜厚度/nm	20	20	20

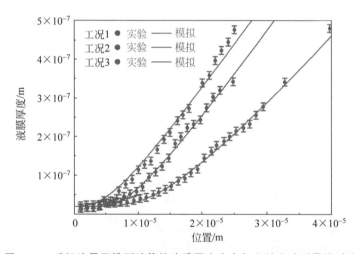

图 3.10　毛细边界层模型计算的液膜厚度分布与文献实验测量值对比

3.3.2　丝网芯钠毛细提升过程理论分析

在 2.3.1 节的丝网芯钠毛细提升实验中存在毛细转捩现象。实验分析表明,该过程与钠和氧化铬间的氧化还原反应相关。由于该化学反应过程诸多参数未知,本书提出的丝网芯毛细模型无法直接进行计算。此处尝试从丝网芯毛细控制方程中的基本物理量出发,分析初次润湿的毛细转捩过程。

表观接触角是衡量浸润性的一个重要参数,通常认为表观接触角大于 90°为不浸润,小于 90°为浸润[46]。在本书模型中,毛细边界层内的几何变化决定了毛细液膜气液界面的起始曲率条件,即气液界面的表观接触角。模型计算表明,接触角的大小取决于前驱膜厚度和逸出功的取值。表 3.2 列出了 4 组表观接触角及其对应的前驱膜厚度和逸出功的组合。由表可知,前驱膜厚度和逸出功均可以影响表观接触角的具体数值。对于钠与不锈钢丝网间,前驱膜厚度越厚,表观接触角越小;而逸出功越大,表观接触角越大。因此,表观接触角 θ_0 可被描述为关于前驱膜厚度 $\delta(0)$ 和逸出功 W 的函数,即

$$\theta_0 = f(\delta(0), W) \tag{3-31}$$

式中,逸出功与固液间表面状态有关[124,130-132],也与温度有关[61]。式(3-31)可从理论上阐释毛细转捩现象的物理成因,即前驱膜厚度与逸出功在丝网与钠化学反应前后的变化,且由于该化学反应不可逆,毛细转捩过程仅发生在实验的初次润湿过程。

表 3.2　不同接触角对应的前驱膜厚度和逸出功参数

表观接触角/(°)	前驱膜厚度/nm	逸出功/eV
10		2.305
30	4	14.55
40		41.25
50		208.0
10	71.00	
30	9.245	100
40	5.290	
50	3.455	

在转捩现象发生后,丝网芯的浸润性趋于稳定。可利用本书模型预测丝网芯在浸润后升温降温过程中毛细力变化。在计算中,通过调整逸出功

与前驱膜厚度等未知的参数条件,使得 300℃处的毛细压强与实验结果符合,并进一步计算其他温度条件下的丝网毛细力。本书模型模拟的不同温度下水平堆叠丝网毛细力与实验测得的毛细力对比如图 3.11 所示,模型计算表明,不同温度下毛细力变化的主要原因是表面张力系数的变化。本书模型可反映不同温度下的毛细力变化趋势,但模型给出的毛细力变化斜率大于实验测量所得斜率。该现象仍可使用毛细边界层内的前驱膜厚度在液膜接触线移动过程中的变化解释。在温度降低时,表面张力系数增加使得毛细力增加,丝网孔内液位进一步提升将导致前驱膜扩张,该扩张过程将导致前驱膜厚度减薄,接触角变大,该过程会抑制丝网孔内毛细力的增加;当温度升高时,表面张力系数减小使得毛细力减小,丝网孔内液位降低导致前驱膜回缩,该回缩过程将导致前驱膜厚度增加,接触角减小,该过程将会抑制毛细力的降低。因此,若采用固定前驱膜厚度条件,模型计算给出的毛细力随温度的变化斜率将大于实验测量所得斜率。

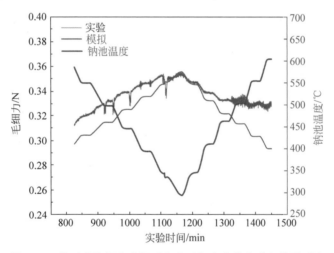

图 3.11　第二次降温和升温过程中毛细力变化实验和模型对比

3.4　丝网芯毛细力与输热特性分析

丝网芯内蒸发液膜的毛细特性受多种因素影响,包括工质类型、丝网结构和尺寸、丝网芯内液位高度①等因素。本节将使用已建立的模型分析各

---

① 定义液位高度为气液界面最低点距丝网芯固体域最低点的距离。

因素对丝网孔蒸发与毛细过程的影响机制。

图 3.12 展示了丝网芯单元几何,包括四根平行缠绕的丝网。计算单元在 x-y 平面上的横截面为 $60\ \mu\mathrm{m}\times60\ \mu\mathrm{m}$ 的正方形,z 轴方向上的高度为 $51\ \mu\mathrm{m}$;固体域丝径为 $20\ \mu\mathrm{m}$,间距为 $2\ \mu\mathrm{m}$;丝网内为流体域,流动方向为 z 轴正方向,气液界面最低点距底部 $30\ \mu\mathrm{m}$。计算单元与 x 轴或 y 轴垂直的四个侧面为对称边界条件,底部为压力入口,固体域顶部为绝热壁面。丝网孔内钠液膜物性参数如表 3.3 所示。除特殊说明外,本节计算均采用该丝网单元几何及钠液膜物性参数。

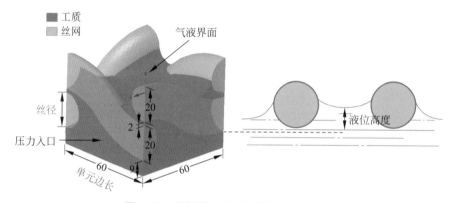

图 3.12　丝网芯毛细孔模型（单位：μm）

表 3.3　丝网芯内钠液膜参数

参　数	数　值	参　数	数　值
色散常数/J	1.172×10^{-20}	逸出功/J	4.4×10^{-19}
汽化潜热/(J/kg)	3.874×10^{6}	蒸发冷凝系数	0.05
摩尔质量/(kg/mol)	0.023	运行温度/℃	650
电子数密度/m^{-3}	2.65×10^{28}	壁面过热度/℃	5
费米能/J	5.18×10^{-19}		

3.4.1　钠工质与低温工质毛细力与输热特性对比

在 3.3 节模型验证中,本书采用了文献中的正辛烷蒸发液膜实验结果验证本章模型,并指出液态钠和正辛烷虽然在工质热物性和分离压力类型上存在差异性,但均满足本章模型的控制方程。本节将具体对比分析钠与正辛烷液膜在丝网孔内的蒸发与毛细特性差异,从而揭示钠工质与低温工质的差异性以及钠工质本身的特异性。

首先分析两类工质在毛细边界层内的流动传热行为。其中,正辛烷液膜的蒸发冷凝系数、壁面过热度设定与钠一致(表3.3),但运行温度设定为60℃。图3.13展示了钠和正辛烷在毛细边界层内的毛细压强、分离压强和蒸发质量通量分布随液膜长度方向的变化。液膜从三相接触区域逐渐外沿,液膜厚度增加,分离压强表征的固液间分子作用力迅速衰减,而毛细压强先下降后不变。稳定后的正辛烷工质毛细压强约1000 Pa,液态钠工质毛细压强约7000 Pa,这主要是由工质的表面张力系数差异导致的。由于分子和原子类型的本质差异,两种工质的分离压强差异较大。正辛烷工质为非极性工质,分离压强中范德瓦耳斯力占主导地位且为正值,其随着液膜长度的增加单调下降;而液态钠工质为金属原子,分离压强包含范德瓦耳斯力和电场力两种作用力类型,且电场力占主导地位,液态钠工质的分离压强为负值,其绝对值也随着液膜长度的增加单调下降。

此外,钠和正辛烷的蒸发质量流率的分布也存在差异,正辛烷工质的蒸发质量流率随着液膜厚度的增加单调下降,而液态钠工质的蒸发质量流率几乎不随液膜厚度的变化而变化,这是工质热导率差异的体现。由于正辛烷热导率低,从丝网壁面至液膜表面的热传导是正辛烷的主要传热路径,液膜厚度和传热热阻均随液膜长度的增加而增加,因此蒸发质量流率随着液膜厚度的增加单调下降;而液态钠的热导率比正辛烷高约3个数量级,沿流动方向的热传导是液态钠的主要传热路径,且传热热阻极小,因此蒸发质量通量分布平坦。

液态钠的毛细边界层厚度约为180 nm,而正辛烷的毛细边界层厚度约为80 nm。在毛细边界层与毛细液膜分界处,钠毛细液膜的表观接触角约为10°,而正辛烷的表观接触角约为15°。

表3.4对比了钠和正辛烷在丝网孔内的蒸发量和毛细力。钠工质和正辛烷工质的蒸发热流总量分别为1.664×10^{-4} W和1.157×10^{-4} W,且主要集中在毛细液膜区域(图3.14)。相比于正辛烷工质,液态钠工质的汽化潜热大,但蒸发质量流量较小。正辛烷工质的单孔毛细力为0.262×10^{-5} N,液态钠工质的单孔毛细力为1.754×10^{-5} N。毛细压强的差异主要是由两种工质的表面张力系数差异和毛细液膜形态差异导致的。

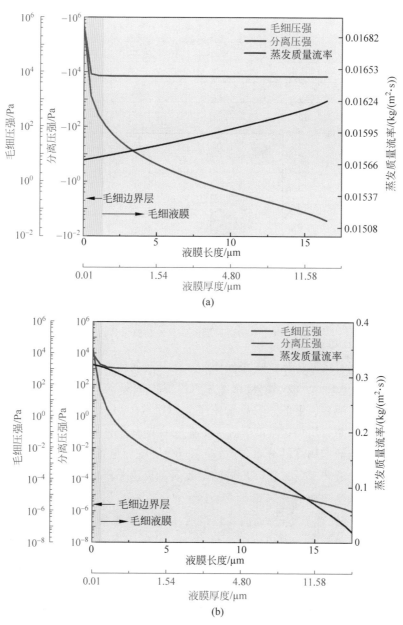

图 3.13　钠与正辛烷工质的毛细边界层对比

(a) 钠；(b) 正辛烷

表 3.4　丝网孔内钠与正辛烷的蒸发量与毛细力计算结果对比

工　　质	正辛烷	钠
蒸发热流总量/10^{-4} W	1.157	1.664
蒸发质量通量/(10^{-10} kg/s)	3.405	0.430
毛细力/10^{-5} N	0.262	1.754

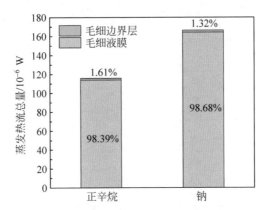

图 3.14　毛细边界层内外蒸发热流总量占比

　　钠和正辛烷间传热特性差异还体现在气液界面和流体域的物理量分布上。图 3.15 展示了液态钠与正辛烷气液界面的蒸发质量流率分布。液态钠工质在气液界面上的蒸发质量流率分布相对平坦,远离丝网壁面区域蒸发质量流率略有增加;而正辛烷工质在气液界面上的蒸发质量流率在空间上呈现中间低四周高的分布特点,即靠近丝网壁面位置的液膜蒸发剧烈,远离丝网壁的液膜蒸发减弱。二者的蒸发质量流率分布的差异主要是热导率差异。液态钠工质的热导率大(约 140 W/(m·K)),高于丝网热导率(约 20 W/(m·K)),工质径/周向导热强烈,因此整体蒸发质量流率较为均匀,且由于气液界面中心因传热路径短、热阻小,致使该处蒸发质量流率稍高;而正辛烷工质的热导率(0.11 W/(m·K))比丝网热导率低 2 个数量级,丝网温度较高,正辛烷工质倾向于在靠近丝网的位置发生相变。图 3.16 分别展示了两种工质的丝网芯温度分布,温度梯度主要体现在丝网孔的法线方向上,但两种工质在靠近丝网处的温度分布存在差异,原因仍是工质热导率差异导致的传热路径差异。

　　图 3.17 对比了液态钠和正辛烷在气液界面处的速度分布。由于气液

界面上不同位置的温度差异导致液膜表面张力存在梯度,丝网孔内出现了马兰戈尼对流效应,但钠与正辛烷的气液界面速度场内流速集中的位置和形状均存在差异。本书通过进一步对比考虑马兰戈尼对流效应与不考虑该效应的毛细输热计算分析表明,马兰戈尼对流效应对丝网孔内的温场和蒸发质量流率分布的影响可忽略。

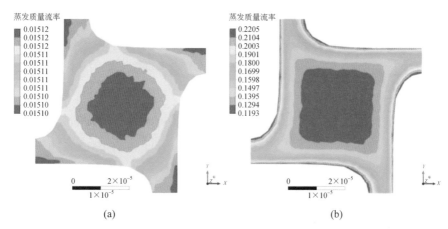

(a)　　　　　　　　　　　　(b)

图 3.15　钠与正辛烷气液界面蒸发质量流率分布对比(单位:kg/(m² · s))

(a) 钠;(b) 正辛烷

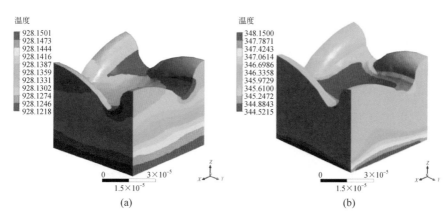

(a)　　　　　　　　　　　　(b)

图 3.16　钠与正辛烷丝网芯温度分布对比(单位:K)

(a) 钠;(b) 正辛烷

综上,毛细边界层内的蒸发质量总量占比小,主要通过影响毛细液膜几何形态的起始曲率条件(表观接触角)对丝网孔内整体的蒸发面积及蒸发总

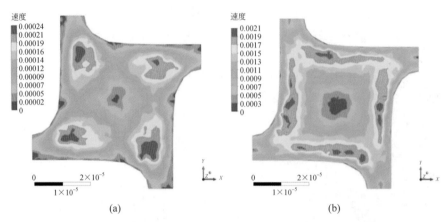

图 3.17　钠与正辛烷气液界面速度分布对比（单位：m/s）

（a）钠；（b）正辛烷

量产生影响。在丝网几何相同的条件下，钠与正辛烷工质在丝网内的传热和流动物理过程类似，现象的差异性主要来源于热导率差异。

3.4.2　丝网芯单元边长和丝径对毛细力及输热的影响

丝网孔单元边长和丝网直径是决定丝网芯几何的重要参数。本节研究这两个参数对丝网孔毛细压强、气液界面面积和蒸发质量通量的影响规律。

根据图 3.12 几何条件进行建模，固定丝径为 20 μm，改变丝网孔单元边长，计算结果如表 3.5 所示。可见，丝网孔单元边长从 40 μm 上升至 70 μm，毛细压强从 2.02×10^4 Pa 下降至 6.26×10^3 Pa，蒸发量从 1.81×10^{-3} W 上升至 7.93×10^{-3} W，单位蒸发量几乎不变。因此，当丝径不变时，丝网孔单元边长越大，蒸发面积越大，导致毛细压强显著下降，单位蒸发量基本保持不变而蒸发总量显著增加。

固定丝网孔单元边长为 60 μm，改变丝径，计算结果如表 3.6 所示。可见，丝径从 10 μm 上升至 25 μm，毛细压强从 4.11×10^3 Pa 上升至 1.16×10^4 Pa，蒸发量从 6.94×10^{-3} W 下降至 4.63×10^{-3} W，单位蒸发量几乎不变。因此，当丝网孔单元边长不变时，丝径越大，蒸发面积越小，毛细压强显著上升，单位蒸发量基本保持不变而蒸发总量显著下降。

因此，毛细压强与丝网孔单元边长呈负相关，与丝径呈正相关。虽然单位蒸发量几乎不受丝网孔单元边长和丝径的影响，但由于蒸发总量几乎正比于丝网孔内的气液界面面积,丝网孔单元边长和丝径通过限制液体的流动空间影响着气液界面面积和蒸发总量。当丝网孔单元边长过大或丝径过小,将导致毛细压强过小,可能使得热管内的液相工质丧失流动的动力。而当丝网孔单元边长过小或丝径过大时,虽然可实现较大的毛细压强,但将导致液相工质丧失蒸发的空间,蒸发受抑制。因此,需要根据实际需求合理选择毛细孔单元边长和金属丝直径,平衡液相工质流动动力与蒸发空间之间的矛盾。

表 3.5　不同丝网孔单元边长分析结果

丝网孔单元边长 /μm	毛细压强 /10^3 Pa	蒸发总量 /10^{-3} W	单位蒸发量 /(10^6 W/m^2)
40	20.24	1.81	2.39
50	12.14	3.40	2.28
60	8.39	5.45	2.27
70	6.26	7.93	2.27

表 3.6　不同丝径分析结果

丝径 /μm	毛细压强 /10^3 Pa	蒸发总量 /10^{-3} W	单位蒸发量 /(10^6 W/m^2)
10	4.11	6.94	2.28
15	6.19	6.23	2.28
20	8.39	5.45	2.27
25	11.59	4.63	2.24

目前针对不同结构的丝网芯,文献[115]中通常采用的毛细压强经典模型为

$$p_c = \frac{4\sigma}{W+d}\cos\theta \tag{3-32}$$

式中,W 为相邻丝网的中心距;d 为丝径;θ 为接触角。

图 3.18 为采用本书模型计算所得毛细压强与经典模型所得毛细压强的对比。可见,当丝径不变时,丝网孔单元边长越大,两种模型得到的毛细压强均变小,说明该模型与经典公式预测的变化趋势一致,但在数值上两种模型存在差异。当丝网孔单元边长不变时,本书模型计算所得毛细压强随丝径增大而越大;而经典模型得到的毛细压强不随丝径变化,偏离物理实

际。比较而言,经典模型中几何高度简化,由于未考虑丝网的真实结构,使得计算结果乃至物理图像上均存在较大偏差;而本书模型由于考虑三维丝网交错几何结构的影响,解决了毛细压强经典模型的理论缺陷,结果更为准确。

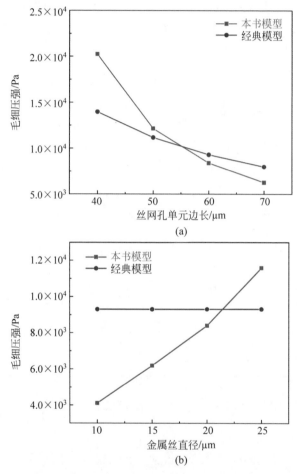

图 3.18　本书模型与毛细压强经典模型的对比

（a）毛细压强随丝网孔单元边长的变化;（b）毛细压强随丝径的变化

3.4.3　丝网芯内液位高度对毛细力及输热的影响

在前述分析中均保持气液界面最低点与丝网芯底部入口的距离不变,即丝网芯内的液位高度不变。当液位高度低于 0 时,液相工质脱离丝网;

当液位高度高于丝网芯固体域最高点时,工质溢出丝网。在丝网芯热管内,由于工质充液量改变或输入热流变化导致的液相流动平衡关系变化,可能导致丝网芯内液位高度变化。由于丝网几何交错,不同液位高度下的气液界面存在显著区别。因此,本节将针对不同液位高度下液态钠工质在丝网孔模型中的行为进行分析。

丝网孔的毛细孔单元边长为 $60~\mu m$,金属丝直径为 $20~\mu m$,采用液态钠工质,其他几何结构参数和运行参数与 3.3 节保持一致。表 3.7 列出了不同液位高度下的计算结果。可见,液位高度从 $12~\mu m$ 上升至 $30~\mu m$,毛细压强先从 3.60×10^3 Pa 上升至 1.22×10^4 Pa,然后下降至 8.39×10^3 Pa;蒸发量从 7.39×10^{-3} W 降至 5.45×10^{-3} W,单位蒸发量从 2.24×10^6 W/m^2 上升至 2.28×10^6 W/m^2。由此说明,液位高度增加时,蒸发面积发生变化,蒸发量下降,而单位面积蒸发热流通量几乎不受影响。

表 3.7　不同液位高度计算结果

液位高度 /μm	毛细压强 /10^3 Pa	蒸发量 /10^{-3} W	单位蒸发量 /(10^6 W/m^2)
12	3.60	7.39	2.24
18	12.18	6.48	2.27
24	11.12	5.68	2.28
30	8.39	5.45	2.28

图 3.19 展示了丝网内液位高度从 $-10~\mu m$ 变化到 $50~\mu m$ 过程中毛细压强的变化趋势和几何结构。当液位高度为 0 时,气液界面为平面,与固体域最低点相切,此时毛细压强为 0;随着液位高度升高至 $8~\mu m$,毛细压强从 0 迅速上升至极大值;液位高度进一步升高,毛细压强开始缓慢下降,当液位高度升至 $42~\mu m$ 时,气液界面为平面,与固体域最高点相切,此时毛细压强降至 0。

根据该毛细压强的变化规律,将丝网内液位高度分为两个区间:在 A-B 区间内,气液界面处于稳定平衡状态,当蒸发量增加时,液位高度下降以匹配足够的毛细压强。因此,A-B 区间内毛细力具有自适应特性,是丝网芯毛细力的稳定平衡区间。在 A-C 区间内,气液界面处于不稳定平衡状态,若保持热流不变或热流增加,会形成正反馈作用,液位高度下降且伴随

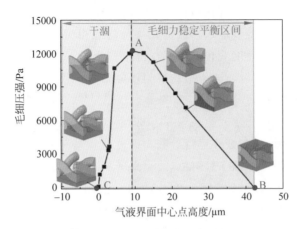

图 3.19　毛细压强随液位高度变化

着毛细力同步的下降,使得液位高度快速下降直至局部干涸。可见,A 点是丝网孔模型的最大毛细压强点,也是毛细干涸点。

在热管的运行过程中,液位高度是动态变化的。图 3.20 展示了热管运行时,丝网通过液位高度的变化自适应调整毛细力使得热管稳定运行的机制。其中,图 3.20(a)展示了回流阻力、液位高度和毛细压强随蒸发段热流密度的变化。随着热流密度增加,蒸发段丝网芯内需要更多的回流补充,导致回流阻力增加,此时由于短暂的蒸发与补流失配将导致液位高度下降。由图 3.19 知,在一定高度范围内,液位下降将提升毛细压强,毛细压强增加重新与补流阻力平衡,热管在毛细力稳定平衡区间内,热管可以实现自稳调节。但当热流密度进一步增加时,丝网芯达到最大毛细力点后,液膜回退将导致毛细力持续下降,丝网芯干涸。

图 3.20(b)进一步展示了热管内毛细输热自稳调节过程的耦合。热管的输入功率决定了工质的蒸发量和回流量,回流量确定两相回流压降。当热管内处于稳定运行状态时,气液两相压降将等于毛细压强。若毛细压强低于最大毛细压强点,丝网芯内的液位高度可自动调整以适配两相压降。

综上,丝网芯内的液位高度与毛细孔的毛细输热过程存在耦合影响。在毛细力稳定平衡区间内,丝网芯呈现毛细力自稳调节特性。

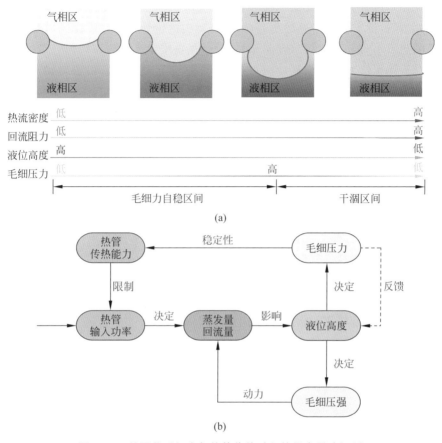

图 3.20　丝网芯毛细力与热管传热过程的耦合影响机制

(a) 丝网芯毛细力与热管传热过程的耦合示意图；(b) 丝网芯毛细力与热管输热过程的耦合框图

3.5　本章小结

本章建立了毛细边界层理论，并以此为基础，考虑边界层内分离压力的作用和边界层外丝网复杂交错几何的影响，最终建立了丝网芯毛细输热模型，研究结论如下：

（1）对比文献实验，本章模型预测的液膜厚度分布绝对误差为 $\pm 10 \, \mathrm{nm}$，相对误差小于 10%。同时，结合模型计算与模型内的前驱膜厚度、逸出功、表面张力系数等物理参数，阐释了钠在丝网内浸润前和浸润后表面性质改变对表观接触角的影响机制以及毛细力变化规律。

（2）分析了钠与低温工质相比,在丝网芯内毛细输热特性的差异性。计算表明,钠工质由于热导率高,液膜工质内的传热链路热阻比丝网壁到液膜的热阻小,因此液膜周/径向导热强烈,蒸发质量流率分布均匀,蒸发质量通量正比于气液界面面积。而毛细边界层决定了毛细液膜的表观接触角并影响毛细液膜的气液界面面积,但由于边界层面积占比小,其蒸发量可忽略。

（3）研究了丝径与单元边长等几何参数对丝网芯毛细输热过程的影响机制。计算表明,当丝网芯单元边长过大或丝径过小,将导致毛细压强过小;而当丝网芯单元边长过小或丝径过大时,虽可实现较大的毛细压强,但将导致丝网芯蒸发面积占比大幅减小。因此热管内丝网需要平衡毛细力与蒸发面积之间的矛盾。

（4）研究了液位高度对丝网芯毛细输热过程的影响机制。从理论角度揭示了热管在一定热流范围内可通过调节丝网芯内液位高度实现毛细力适配,毛细微循环呈现自稳调节特性;但由于毛细力随液位高度的变化存在拐点,因此在高热流密度下,液位高度下降时可能发生毛细力下降的正反馈现象,导致液膜脱离丝网芯,并发生局部干涸。

本章丝网芯毛细输热理论的建立,为进一步研究丝网芯碱金属热管输热模型奠定了基础。

第4章 碱金属热管输热模型研究

4.1 本 章 引 论

如 1.2.2 节所述,能够准确模拟碱金属热管内的输热过程是研究热管堆系统特性的基础。在反应堆安全分析中,不仅需要准确模拟热管的稳定运行工况,还需要考量危及堆芯稳定运行的热管失稳工况。而现有模型由于毛细芯输热与毛细力等关键机理过程的简化而精度有限,无法满足安全分析的需求,因此需要建立一个新的模型。

在第 2 章与第 3 章,本书已探究了丝网芯毛细动力学特性和毛细输热机理。本章将在前述已建立的丝网芯毛细输热模型基础上,进一步建立壁面与丝网芯热传导、气液两相流动相变换热等物理过程的控制方程,建立封闭碱金属热管内两相流场的动量、能量、质量守恒方程,最终建立丝网芯碱金属热管输热模型。

4.2 碱金属热管输热模型

前述章节已展示碱金属热管的运行原理(图 1.2)和丝网芯的工作原理(图 2.1)。根据丝网芯内毛细孔润湿和干涸的状态差异,丝网芯热管可划分为稳定运行状态和毛细极限状态两种输热模式,如图 4.1 所示。在热管稳定运行状态,蒸发段和冷凝段丝网芯的毛细压差将冷凝液重新泵回蒸发段,实现热管内工质的两相循环;而在毛细极限状态,蒸发段端部的丝网芯干涸,该处丝网芯丧失毛细驱动能力。

本章针对丝网芯碱金属热管的运行特点,对热管壁、丝网芯及液相工质、气相工质各部分建立传热传质方程,最终建立基于丝网芯毛细机理的热管输热模型。

4.2.1 碱金属热管模型控制方程

在蒸气腔区域,由于蒸气的热导率低,忽略气体的导热作用;且蒸气密

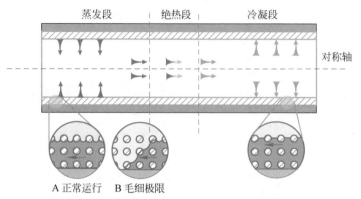

图 4.1　热管稳定运行状态和毛细极限状态的输热模式

度低,传热过程中不考虑蒸气的储热。因此蒸气区域仅建立连续性方程与动量方程。在热管运行过程中,气体流动速度可达 0.3 马赫以上[115],因此气体具有可压缩性,其连续性方程为

$$\frac{\partial \rho_v}{\partial t} + \left(\frac{\partial \rho_v u_v}{\partial z} + \frac{\partial \rho_v v_v}{\partial r} + \frac{\rho_v v_v}{r} \right) = 0 \tag{4-1}$$

式中,u 是轴向速度;v 是径向速度;ρ 是密度;z 和 r 分别为轴向和径向坐标。下标 v 代表气相工质。

　　同时,在热管的启动运行阶段,蒸气区压力和密度低,由于密度梯度造成的蒸气扩散效应显著,因此在连续性方程内需要考虑扩散效应修正:

$$\frac{\partial \rho_v}{\partial t} + \left(\frac{\partial \rho_v u_v}{\partial z} + \frac{\partial \rho_v v_v}{\partial r} + \frac{\rho_v v_v}{r} \right) - \frac{\partial}{\partial z} \left(D_v \frac{\partial \rho_v}{\partial z} \right) = 0 \tag{4-2}$$

式中,D_v 为气体扩散系数。扩散项仅在热管启动初期有影响,在热管建立稳态循环后,气体定向流动为主导效应,扩散项衰减至可忽略。

　　可压缩气体动量方程为

$$
\begin{cases}
\dfrac{\partial \rho_v u_v}{\partial t} + u_v \dfrac{\partial \rho_v u_v}{\partial z} + v_v \dfrac{\partial \rho_v u_v}{\partial r} = \\[2mm]
-\dfrac{\partial p_v}{\partial z} + \mu_v \left(\dfrac{\partial^2 u_v}{\partial r^2} + \dfrac{\partial u_v}{r \partial r} + \dfrac{\partial^2 u_v}{\partial z^2} \right) + \dfrac{\mu_v}{3} \left(\dfrac{\partial^2 u_v}{\partial z^2} + \dfrac{\partial^2 v_v}{\partial z \partial r} + \dfrac{1}{r} \dfrac{\partial v_v}{\partial z} \right) \\[4mm]
\dfrac{\partial \rho_v v_v}{\partial t} + u_v \dfrac{\partial \rho_v v_v}{\partial z} + v_v \dfrac{\partial \rho_v v_v}{\partial r} = \\[2mm]
-\dfrac{\partial p_v}{\partial r} + \mu_v \left(\dfrac{\partial^2 v_v}{\partial r^2} + \dfrac{\partial v_v}{r \partial r} + \dfrac{\partial^2 v_v}{\partial z^2} - \dfrac{v_v}{r^2} \right) + \dfrac{\mu_v}{3} \left(\dfrac{\partial^2 u_v}{\partial z \partial r} + \dfrac{\partial^2 v_v}{\partial r^2} - \dfrac{v_v}{r^2} + \dfrac{1}{r} \dfrac{\partial v_v}{\partial r} \right)
\end{cases}
$$

$$\tag{4-3}$$

式中，μ 是动力黏性系数。

采用理想气体状态方程关联气体密度和压强间的关系：

$$\rho_v = \frac{p_v}{RT_v} \tag{4-4}$$

丝网中的液相流动采用不可压缩流体方程描述，其连续性方程为

$$\frac{\partial u_1}{\partial z} + \frac{\partial v_1}{\partial r} + \frac{v_1}{r} = 0 \tag{4-5}$$

式中，下标 l 指液相工质。

动量方程为

$$\begin{cases} \rho_1 \left(\dfrac{\partial u_1}{\partial t} + u_1 \dfrac{\partial u_1}{\partial z} + v_1 \dfrac{\partial u_1}{\partial r} \right) = -\dfrac{\partial p_1}{\partial z} + \mu_1 \left(\dfrac{\partial^2 u_1}{\partial r^2} + \dfrac{\partial u_1}{r \partial r} + \dfrac{\partial^2 u_1}{\partial z^2} \right) + S_z \\[4mm] \rho_1 \left(\dfrac{\partial v_1}{\partial t} + u_1 \dfrac{\partial v_1}{\partial z} + v_1 \dfrac{\partial v_1}{\partial r} \right) = -\dfrac{\partial p_1}{\partial r} + \mu_1 \left(\dfrac{\partial^2 v_1}{\partial r^2} + \dfrac{\partial v_1}{r \partial r} + \dfrac{\partial^2 v_1}{\partial z^2} - \dfrac{v_1}{r^2} \right) \end{cases} \tag{4-6}$$

式中，S_z 代表丝网芯中工质轴向流动受到的阻力作用，其由黏性阻力项和惯性阻力项构成：

$$S_z = -\left(\frac{\mu_1 u_1}{K_z} + \frac{C_f}{2} \rho_1 u_1^2 \right) \tag{4-7}$$

式中，C_f 为惯性阻力系数；K_z 为渗透率；$1/K_z$ 称为"黏性阻力系数"。

该阻力作用计算中，黏性及惯性阻力系数的确定尤为关键。以往学者针对不同几何形式的网状多孔介质提出了不同的黏性及惯性阻力系数经验公式[122,133-135]，但由于这类经验关系式显著依赖于几何形式，且适用几何均与丝网芯结构存在差异。因此本研究用 CFD 方法直接模拟真实丝网的交错几何结构从而确定黏性及惯性阻力系数，不同丝网目数下黏性阻力和惯性阻力系数的确定过程在附录 A 中给出。

由于碱金属工质热导率很大，且液相流动雷诺数小，因此能量方程中仅考虑丝网芯和液相间的热传导而忽略液相流动的对流换热效应：

$$\rho_{eff} c_{eff} \frac{\partial T}{\partial \tau} = \frac{1}{r} \frac{\partial}{\partial r} \left(k_{eff} r \frac{\partial T}{\partial r} \right) + \frac{\partial}{\partial z} \left(k_{eff} \frac{\partial T}{\partial z} \right) \tag{4-8}$$

式中，k_{eff} 为丝网芯与工质的等效热导率；c_{eff} 为等效比热容。由 Chi 模型[136]可得：

$$\begin{cases} \rho_{\mathrm{eff}} c_{\mathrm{eff}} = \varepsilon_p \rho_1 c_1 + (1 - \varepsilon_p) \rho_{\mathrm{wick}} c_{\mathrm{wick}} \\ k_{\mathrm{eff}} = \dfrac{(k_1 + k_{\mathrm{wick}}) - (1 - \varepsilon_p)(k_1 - k_{\mathrm{wick}})}{(k_1 + k_{\mathrm{wick}}) + (1 - \varepsilon_p)(k_1 - k_{\mathrm{wick}})} k_1 \end{cases} \tag{4-9}$$

在热管冷态启动过程中,存在工质熔化过程,如图 4.2 所示。当管壁与丝网芯交界面温度达到碱金属工质的熔点时,工质开始熔化。由于碱金属的导热性良好且温差较小,认为熔化时工质温度在熔点附近且不考虑丝网芯结构的影响,工质凝固过程处理同理。采用显热容法处理熔化或凝固过程,具体计算流程见附录 B。

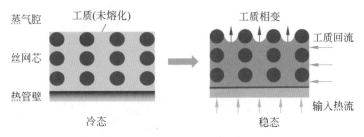

图 4.2　热管冷态启动丝网芯状态示意图

热管管壳及管壳外的加热层、保温层、水套集热管等结构均为固态,固体间的传热使用傅里叶导热定律建立方程:

$$\rho_i c_i \frac{\partial T_i}{\partial \tau} = \frac{1}{r} \frac{\partial}{\partial r}\left(\lambda_i r \frac{\partial T_i}{\partial r}\right) + \frac{\partial}{\partial z}\left(\lambda_i \frac{\partial T_i}{\partial z}\right) + S_i \tag{4-10}$$

式中,T 代表温度;ρ 为密度;c 是比热容;λ 是导热系数;下标 i 表示管壁、加热层、保温层、水套集热管等结构;S 为能量源项:

$$S_i = \begin{cases} \dot{q}, & i = \text{加热层} \\ 0, & \text{其他} \end{cases} \tag{4-11}$$

式中,$\dot{q}$ 为加热层释热率的源项分布函数。

4.2.2　气液界面热质耦合方程

气相和液相通过丝网芯的气液分界面相变过程耦合。该过程满足质量守恒方程,并假设气液间满足无滑移边界条件。

质量守恒方程为

$$\rho_v v_v(z, r = R_v) = \rho_1 v_1(z, r = R_v) \tag{4-12}$$

式中,气液界面上的气相径向速度 v_v 对应蒸发冷凝过程中液相进入气相或

气相进入液相的传质过程,因此相变热流分布 $\dot{q}(z)$ 与气液界面的气相径向
速度 $v_{\mathrm{v}}(z)$ 满足如下关系:

$$v_{\mathrm{v}}(z)=\lim_{\Delta z\to 0}\frac{\dot{m}(z)}{\rho_{\mathrm{v}}\Delta A(z)}=\lim_{\Delta z\to 0}\frac{\int_{z}^{z+\Delta z}\dot{q}(z')\mathrm{d}z'}{\rho_{\mathrm{v}}h_{\mathrm{fg}}\Delta z}=\frac{\dot{q}(z)}{\rho_{\mathrm{v}}h_{\mathrm{fg}}} \tag{4-13}$$

式中,ρ_{v} 为气体密度;h_{fg} 为气化潜热;A 为蒸发面积。

同理,气液界面的液相径向速度为

$$v_{\mathrm{l}}(z)=\lim_{\Delta z\to 0}\frac{\dot{m}(z)}{\rho_{\mathrm{l}}\Delta A(z)}=\lim_{\Delta z\to 0}\frac{\int_{z}^{z+\Delta z}\dot{q}(z')\mathrm{d}z'}{\rho_{\mathrm{l}}h_{\mathrm{fg}}\Delta z}=\frac{\dot{q}(z)}{\rho_{\mathrm{l}}h_{\mathrm{fg}}} \tag{4-14}$$

无滑移边界条件可用轴向速度方程和气液剪切力方程描述,即

$$\begin{cases} u_{\mathrm{v}}(z,r=R_{\mathrm{v}})=u_{\mathrm{l}}(z,r=R_{\mathrm{v}})=u_{\mathrm{i}}(z) \\ \mu_{\mathrm{v}}\left.\dfrac{\partial u_{\mathrm{v}}}{\partial r}\right|_{r=R_{\mathrm{v}}}=\mu_{\mathrm{l}}\left.\dfrac{\partial u_{\mathrm{l}}}{\partial r}\right|_{r=R_{\mathrm{v}}} \end{cases} \tag{4-15}$$

式中,$u_{\mathrm{i}}(z)$ 为气液界面轴向速度。

在本书中,对气液剪切力进行简化,假定气液界面轴向速度为 0,此时:

$$\mu_{\mathrm{v}}\left.\frac{\partial u_{\mathrm{v}}}{\partial r}\right|_{r=R_{\mathrm{v}}}=\mu_{\mathrm{l}}\left.\frac{\partial u_{\mathrm{l}}}{\partial r}\right|_{r=R_{\mathrm{v}}}=\mu_{\mathrm{l}}\left.\frac{\partial u_{\mathrm{i}}(z)}{\partial r}\right|_{r=R_{\mathrm{v}}}=0 \tag{4-16}$$

即不考虑气液间剪切作用的影响。

气液界面的蒸发冷凝过程导致气液界面存在压差:在蒸发段,为维持
工作液体连续蒸发,气液界面的表面蒸气压强大于气腔内气相压强;而在
冷凝段,气液界面的表面蒸气压强小于气腔内气相压强。界面压强的差异
将导致气液间温度存在跳变。气液间压强与蒸发质量通量的关系满足
Silver-Simpson 关系式:

$$\dot{m}_{i}=\left(\frac{2\alpha}{2-\alpha}\right)\sqrt{\frac{MW}{2\pi R_{\mathrm{u}}}}\left(\frac{p_{\mathrm{l}}^{*}}{\sqrt{T_{\mathrm{l}}}}-\frac{p_{\mathrm{v}}}{\sqrt{T_{\mathrm{v}}}}\right)=\begin{cases} >0, & \text{蒸发} \\ <0, & \text{冷凝} \end{cases} \tag{4-17}$$

式中,$T_{\mathrm{l}}(z)$ 和 $T_{\mathrm{v}}(z)$ 是气液界面处液相和气相工质的温度。

4.2.3　毛细力与流动阻力平衡方程

维持热管正常运行的毛细力是由丝网芯弯液面产生的,大小与界面曲
率相关,因此需要确定液膜的几何构型。采用第 3 章建立的丝网芯毛细输
热模型,确定不同运行温度下丝网芯内液膜的毛细力,同时对蒸发段的蒸发
表面积进行修正。

　　丝网芯毛细力具有自适应调节的能力,当热管稳定运行时,热管内部各部分压降和毛细压差平衡:

$$\Delta P_c = \Delta P_v + \Delta P_1 + \Delta P_g \tag{4-18}$$

式中,ΔP_c 为蒸发段和冷凝段间的毛细压差;ΔP_v 为气相从蒸发段流至冷凝段的流动压降;ΔP_1 为液相从冷凝段回流至蒸发段的流动压降;ΔP_g 为气相和液相流动的重位压降。气相和液相压降通过 4.2.1 节中的气液流动的动量方程确定。

　　图 4.3 为丝网芯在热管稳定运行及毛细极限工况的状态示意图。由前述章节的图 3.19 和图 3.20 分析知,当热管被施加的功率增大,蒸发段和冷凝段气液界面相变的工质质量流量增大将导致管内两相流速增大;此时,气相压降和液相压降随着质量流量的增加而增大,毛细压强须增大以维持式(4-18)的压强平衡关系。当毛细压差低于两相流动压降,液相工质回流量将减少,导致丝网芯内液膜回退。图 4.4(a) 为不同运行温度下单层丝网芯毛细力与液位的关系。在液位高度高于毛细干涸线时,若输入热流增大,蒸发段毛细压强随着接触线下移呈现增大的趋势。毛细压强对输入热流增大导致的液位下降具有负反馈作用,从而维持接触线位置的稳定平衡,热管仍能稳定运行;若输入热流密度过大或热流提升速率过快,丝网芯内液位将下降至毛细干涸线以下,并发生局部干涸。在干涸位置处,输入热流由于无法通过蒸发相变潜热转移,热量将通过管壁热容消耗,致使管壁局部温度急剧上升,该现象即毛细极限现象。

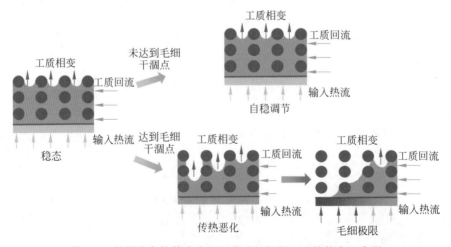

图 4.3　丝网芯在热管稳定运行及毛细极限工况的状态示意图

对于多层丝网结构的热管,热管自稳调节稳定运行和毛细极限过程与上述单层丝网分析过程类似,以三层 400 目丝网为例,图 4.4(b)展示了多层丝网芯情形毛细压强随液位变化,在液位下降过程中,多层丝网具有多处毛细干涸线,在靠近壁面的最后一层丝网芯干涸后,出现传热恶化,并发生毛细极限现象。

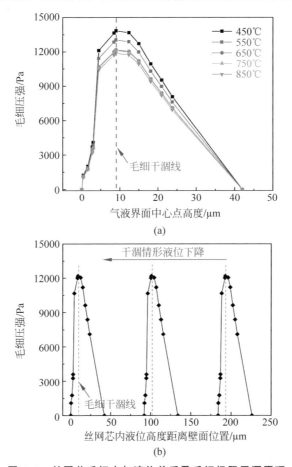

(a)

(b)

图 4.4　丝网芯毛细力与液位关系及毛细极限干涸原理

(a) 不同运行温度下单层丝网芯毛细力与液位关系(400 目丝网为例);

(b) 三层丝网芯毛细力与液位关系(650℃,400 目丝网为例)

当热管出现局部干涸时,在未干涸段仍满足毛细力与气液两相压降平衡关系,因此有:

$$\int_{L_0}^{L} \mathrm{d}P_c = \int_{L_0}^{L} \mathrm{d}P_v + \int_{L_0}^{L} \mathrm{d}P_l + \int_{L_0}^{L} \mathrm{d}P_g \tag{4-19}$$

式中，L 为热管管长，L_0 为热管干涸与未干涸区域的分界点。此时，热管内：

$$\begin{cases} \text{干涸区域：} z < L_0 \\ \text{气液循环流动区域：} z > L_0 \end{cases} \qquad (4\text{-}20)$$

4.2.4　模型边界条件与求解

前述控制方程须根据热管内的实际物理过程确定速度、压强和传热边界条件。

热管蒸发段和冷凝段端面速度为 0：

$$\begin{cases} z = 0 : u_v = v_v = u_1 = v_1 = 0 \\ z = L : u_v = v_v = u_1 = v_1 = 0 \end{cases} \qquad (4\text{-}21)$$

在热管蒸气腔对称轴处气相流动满足速度和压强的对称边界条件：

$$r = 0 : v_v = 0, \quad \frac{\partial u_v}{\partial r} = \frac{\partial p_v}{\partial r} = 0 \qquad (4\text{-}22)$$

假设液相流动与壁面间满足无滑移条件，则有：

$$r = R_w : u_1 = v_1 = 0 \qquad (4\text{-}23)$$

在热管固体区域（管壁、保温层或水套集热管层）外表面的换热边界条件可分为热流边界、对流和辐射换热边界、绝热边界三种类型。

热流边界条件：

$$-k \frac{\partial T}{\partial r} = \dot{q} \qquad (4\text{-}24)$$

对流和辐射边界条件：

$$-k \frac{\partial T}{\partial r} = h(T - T_0) + \varepsilon \sigma (T^4 - T_0^4) \qquad (4\text{-}25)$$

绝热边界条件：

$$-k \frac{\partial T}{\partial r} = 0 \qquad (4\text{-}26)$$

在计算中，采用中心差分格式离散壁面和丝网芯的能量方程，而对气、液相流动过程的连续性方程和动量方程采用交错网格 MacCormack 差分格式离散[137]。最终的离散方程矩阵采用 TDMA（the tridiagonal matrix algorithm）算法[137,138]迭代求解，具体求解流程见附录 B。

4.3　碱金属热管输热模型验证

本节对丝网芯钠热管输热模型进行验证。通过模型与商用程序 Fluent 的案例对比验证模型中气、液流动求解；通过文献中钠热管实验壁面温度的测量结果与模型预测值对比,验证模型的温场求解。

4.3.1　基于 CFD 的热管模型流场验证

热管内丝网芯结构阻隔了气液流动,削弱了气液间的流动剪切作用。气液剪切作用可使用韦伯数 We 来定量表征,其定义为蒸气流动惯性力和丝网芯表面液相的表面张力之比:

$$We = \frac{\rho_{\mathrm{v}} w_{\mathrm{v}}^2 z}{\sigma} \tag{4-27}$$

式中,σ 为液相表面张力;w_{v} 为蒸气流速;ρ_{v} 为蒸气密度;z 为气液界面的特征几何尺寸,对于丝网芯,通常取丝网间距。

当 We 小于 0.01 时,热管内的气液间剪切力可忽略,此时,热管内的两相流动问题可以拆分为气相和液相的管内单相流动问题,如图 4.5 所示。该问题在工业界广泛存在,商用程序 Fluent 已被证实可准确模拟该问题[139]。因此,本节采用热管模型模拟的结果与 Fluent 模拟的结果对比,以验证模型。

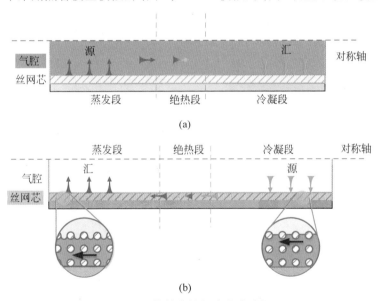

图 4.5　热管内的气液流动过程

(a) 气相流动;(b) 液相流动

(1) 气相流场验证

使用 ANSYS Fluent 与本章模型计算相同边界条件下的钠蒸气流场,对比验证模型的气体流动模块。

计算采用表 5.1 中给出的热管的气腔几何参数建模。考虑钠蒸气的可
压缩性以及物性随温度的变化。在不同的输入热流下,蒸发段和冷凝段的
气液界面蒸发质量通量存在差异。蒸发段和冷凝段的质量流量设置为气体
流场计算的出入口条件,设定如图 4.5(a)所示。

模型计算的气体轴向流速分布如图 4.6(a)所示,图中给出以 Fluent 模
拟结果为参考解时模型计算的误差。输入功率为 700 W 时,冷凝段的计算
误差稍大,但相对误差仍在±8%以内。随着输入热流的增加,相对误差逐
渐减至±5%以内。以蒸发段端部位置为参考点,模型计算的气体流动压降
分布如图 4.6(b)所示,仍以 Fluent 模拟结果为参考解,气体压降的计算误
差在±10%以内。气相流场的计算对比验证了模型气体流动模拟的准确性。

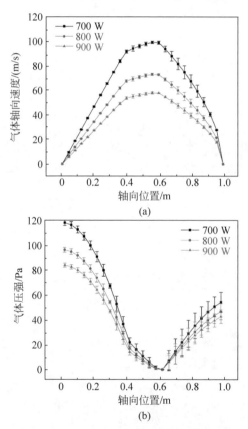

图 4.6　模型计算的气体轴向流速和相对压强分布以及与 Fluent 结果对比

(a) 气体轴向流速;(b) 气体相对压强

（2）液相流场验证

使用模型与 ANSYS Fluent 计算相同边界条件下的液态钠流场，对比验证本章模型的液相流动模块。

与气体流场模型验证类似，计算采用表 5.1 中给出的热管的丝网芯几何参数建模。考虑钠液相工质物性随温度的变化。在不同的输入热流下，蒸发段和冷凝段的气液界面质量流量存在差异。蒸发段和冷凝段的质量流量设置为液相流场计算的出入口条件，设定如图 4.5(b)所示。

本章模型计算的液相轴向速度分布和压强分布分别如图 4.7(a)和图 4.7(b)所示，以 Fluent 模拟结果为参考解时，模型流速分布的相对误差在 10% 以内，压强分布的相对误差在 5% 以内。液相流场的计算对比验证了本章模型液相流动模拟的准确性。

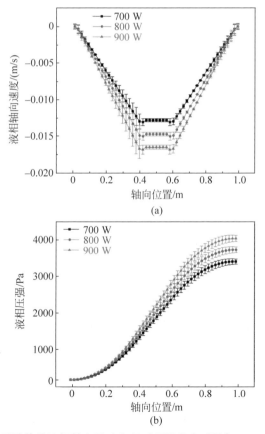

(a)

(b)

图 4.7　模型计算的液相轴向流速和相对压强分布以及与 Fluent 结果对比

（a）液相轴向流速；（b）液相相对压强

4.3.2　基于文献实验的热管模型温场验证

本节采用公开文献中的碱金属热管实验验证本书模型。Ponnappan 等[140]针对一根 2.03 m 的钠热管进行了传热实验研究,实验测试条件如表 4.1 所示。实验中,热管蒸发段使用电热丝加热,并在热管外壁安装测温热电偶。热管密封在真空室内,真空室使用抛光不锈钢辐射罩隔热并与热管辐射换热。真空室外环绕有冷却水盘管散热。Ponnappan 等[140]改变加热长度,共进行过蒸发段长度为 0.375 m 和 0.33 m 两种加热布置的实验,与之对应的绝热段长度为 0.745 m 和 0.79 m。实验中测量了不同加热功率下钠热管的轴向稳态温度分布和启动过程瞬态温度分布。

表 4.1　Ponnappan 实验[140]中钠热管结构与工况参数

参　　数	参　数　值	参　　数	参　数　值
蒸发段长度/m	0.375 或 0.33	管壁厚度/m	0.00165
绝热段长度/m	0.745 或 0.79	毛细芯厚度/m	0.0031
冷凝段长度/m	0.91	表面辐射率	0.32
蒸气腔直径/m	0.0127		

图 4.8 为不同加热功率下热管轴向稳态温度分布模型计算和实验测量的对比。其中,图 4.8(a)展示了在钠热管蒸发段长度为 0.375 m 的实验条件、热管载出功率为 209 W、354 W、467 W 三组工况下,模型模拟的稳态温度分布与实验测量值的比较。本书模型与实验值的平均误差约 10℃,热管末段的模型误差相对其他位置偏大,约为 20℃。图 4.8(b)展示了钠热管蒸发段长度为 0.33 m 的实验条件、热管载出功率为 188 W、749 W、1014 W 三组工况下,模型模拟的稳态温度分布与实验测量值的比较。模型平均误差约 20℃,最大的温度误差点同样出现在冷凝段末段,达到 100℃。热管末段模拟结果的偏差与实验热管内含有少量(具体数值未知)的不凝气体有关,在热管运行时,热管内不凝气体聚集在热管冷凝段末端,工质气体冷凝换热受阻,最终导致冷凝段末端的换热能力减弱,运行温度偏低。本书模型中由于未考虑不凝气体相关的影响,模拟结果误差偏大,而在远离冷凝段末段的热管运行段,几乎不受少量不凝气体的影响,本书模型预测结果准确合理。

针对碱金属热管的启动过程,Lee 等[141]对一根充液率为 20% 的 1 m 长的钠热管开展了实验研究。此处采用该实验结果对比验证本书模型模拟

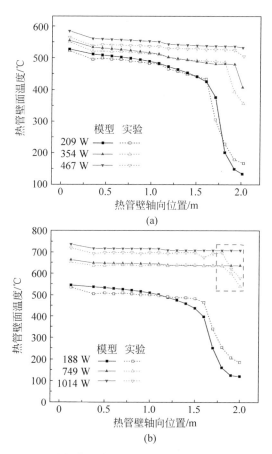

图 4.8 钠热管稳态实验结果与模型计算结果对比

(a) 钠热管实验 1(蒸发段长度 0.375 m,冷凝段 0.745 m);

(b) 钠热管实验 2(蒸发段长度 0.33 m,冷凝段 0.79 m)

碱金属热管启动瞬态过程的功能。热管外径 25.4 mm,蒸发段 0.425 m,绝热段 0.15 m,冷凝段 0.425 m。实验中,蒸发段采用加热炉加热,通过附在炉上的可变变压器控制加热炉功率,启动实验的加热功率恒定为 696 W,冷凝段采用辐射散热和自然对流方式传导出热量。

根据 Lee 等[141]给出的实验参数,采用热管模型模拟该热管的启动过程。模拟结果与实验测量结果对比如图 4.9 所示,热管模型可较好地反映出钠热管启动过程中壁面温度的变化,壁面温度分布的绝对误差在 30℃以内,相对误差小于 5%。本书模型预测结果准确合理。

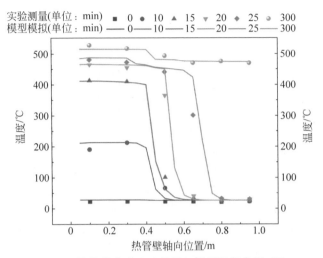

图 4.9 钠热管启动实验结果与模型计算结果对比

4.4 碱金属热管输热过程的模型分析

在 4.3 节中,验证了本章模型可分析碱金属热管的输热过程。在此基础上,本节以钠热管为例,进一步利用该模型分析热流密度、热流密度分布、冷端换热边界和热管长径比等因素对碱金属热管输热过程的影响,并指导后续碱金属热管实验工况设计。

4.4.1 热流密度对热管输热的影响

本节选取了四组工况用以对比分析热流密度对热管输热特性的影响。模拟的热管参数如表 4.2 所示,如无特殊说明,本节的模型分析均采用该几何参数建模。冷凝段外表面对流换热系数取值 10 W/(m^2 · K),发射率取值 0.5,环境温度设定为 25 ℃。

表 4.2 热管参数

参　　数	参 数 值	参　　数	参 数 值
蒸发段长度/m	0.4	热管工质	钠
绝热段长度/m	0.2	工质充装量/g	40
冷凝段长度/m	0.4	丝网芯类型	400 目丝网
热管壁厚/m	0.002	热管管壳材料	316 不锈钢
热管内径/m	0.016	蒸发段、绝热段外表面	绝热边界

　　表 4.3 列出了蒸发段外表面热流密度分别为 2×10^4、3×10^4、4×10^4、6×10^4 W/m^2 工况下的热管输入功率、启动时间、稳态工作温度和稳态等效传热热阻等参数。随着热流密度提升,热管启动时间缩短,稳态运行温度升高。对比 6×10^4 W/m^2 和 2×10^4 W/m^2 热流密度下的工况,当热流密度增加至 3 倍,完全启动时间缩短约 70%,运行温度增加约 300℃;而等效传热热阻随热流密度的增加先减小后增大,并在 4×10^4 W/m^2 工况下达到最小值,仅为 2×10^4 W/m^2 热流密度下传热热阻的 60%。图 4.10 展示了不同热流密度下热管壁的轴向温度分布,在这四组工况下,内部钠蒸气温度近似等温,绝热段壁面温度与蒸气温度基本相等。同时,蒸发段壁面温度高于蒸气温度,冷凝段壁面温度低于蒸气温度;随着热流密度的提升,热管轴向壁面温差显著增加。

表 4.3　热流密度对运行特性影响分析

工况	热流密度 /(W/m^2)	加热功率 /W	完全启动时间 /s	稳态运行温度 /℃	等效传热热阻 /(K/W)
1	2×10^4	500	860	545	0.1116
2	3×10^4	750	550	655	0.0730
3	4×10^4	1000	400	735	0.0716
4	6×10^4	1500	270	850	0.0889

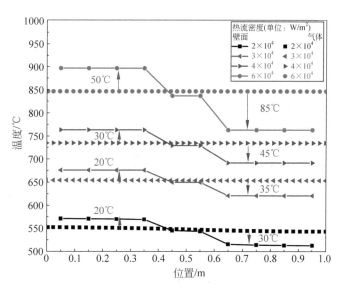

图 4.10　不同热流密度下热管壁轴向温度分布

　　图 4.11 展示了不同热流密度工况下钠蒸气的流速和压强分布。其中，图 4.11(a)展示了热管不同轴向位置处的气体流速和绝对压强。热管内钠蒸气处于近似饱和状态，其压强由温度决定，由于蒸气近似等温，蒸气压强沿热管轴向变化小。但不同热流密度工况下蒸气温度不同，导致蒸气压强差异显著。如在 2×10^4 W/m^2 热流密度工况，钠蒸气温度为 550℃，其压强仅为 1400 Pa；而在 6×10^4 W/m^2 热流密度工况，钠蒸气温度为 845℃，其压强达到了 68000 Pa。这表明钠蒸气压强随热流密度的增大而增大，且对工作温度变化较为敏感。与压强变化相反，钠蒸气流速随热流密度的提升而减小，该变化趋势与蒸气的可压缩性有关——虽然热流密度的增加提升了钠蒸气总流量，但钠蒸气密度也因蒸气温度和压强的提升而迅速增加。由于蒸气密度的提升幅度显著高于质量流量的增加量，最终使得钠蒸气流速随热流密度的提升而减小。图 4.11(b)展示了气体相对压强曲线。气体静压在冷凝段由于气体流速减小而有小幅回升；气体总压降为蒸发段端部和冷凝段端部间的气体压差，其随着加热热流密度的上升呈下降趋势。

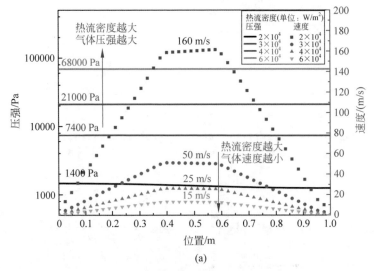

(a)

图 4.11　不同热流密度工况的气相压强和流速分布

(a) 气体静压与流速曲线图；(b) 气体静压与总压曲线图

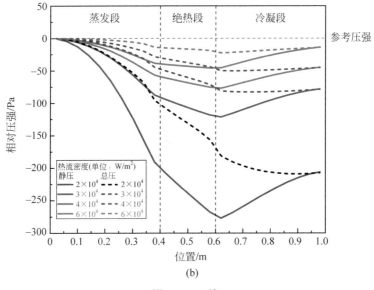

图 4.11　（续）

图 4.12 展示了不同热流密度下液相工质的流速和相对压强分布。其中,相对压强取蒸发段端部作为参考点。对比不同热流密度工况,液相总压降随热流密度的增大而增大。在 2×10^4 W/m^2 热流密度工况,热管液相总压降为 2680 Pa;而在 6×10^4 W/m^2 热流密度工况,压降升高至 5920 Pa。同时,随着热流密度增加,其轴向最大流速近似线性增加。液相工质的总压降和流速随热流密度的变化趋势均与蒸气的变化趋势相反。造成该现象的直接原因是蒸气具有可压缩性而液相工质近似不可压缩,液相的流速和压降主要取决于质量流量而几乎不受密度变化的影响,由于液相的质量流量正比于热流密度,导致液相总压降和流速均随热流密度增加而增加。

图 4.13 是钠蒸气和液相工质在 4×10^4 W/m^2 热流密度这一特定工况下的流速和压强云图。其中,图 4.13(a)展示了钠蒸气的流速分布,蒸气速度剖面是以中心轴对称的抛物线。图 4.13(b)展示了钠蒸气的相对压强云图,蒸气压强的最低点出现在绝热段出口处,此处蒸气流速最大,因此静压最小;而在冷凝段,气体流速逐渐减小,静压呈现回升的趋势。图 4.13(c)和图 4.13(d)展示了液相工质回流中心沿线不同轴向位置处的流速和压强分布。速度的绝对值在绝热段最大,速度剖面呈梯形状;而液相压强由蒸发段至冷凝段随轴向位置变化逐渐增加,压强剖面近似为平分布。图 4.13(e)为热管的温度变化图。在启动初期,蒸发段温度最先升高并形成温度锋面,在

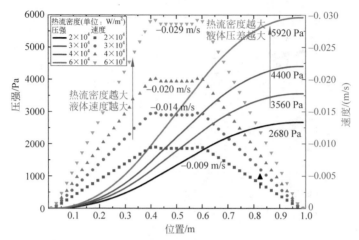

图 4.12　不同热流密度工况的液相压强和流速分布

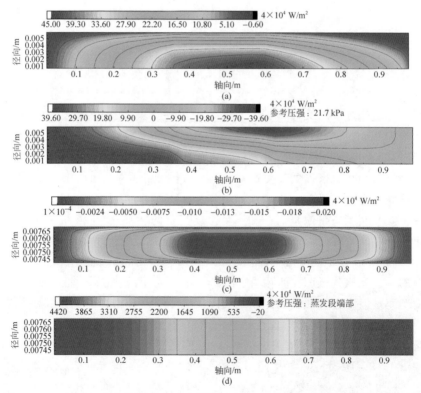

图 4.13　$4×10^4$ W/m² 热流密度工况下气相、液相相对压强、流速及温度分布云图

（a）蒸气流速云图（单位：m/s）；（b）蒸气相对压强云图（单位：Pa）；
（c）液相工质流速云图（单位：m/s）；（d）液相工质相对压强云图（单位：Pa）；（e）热管温度变化图

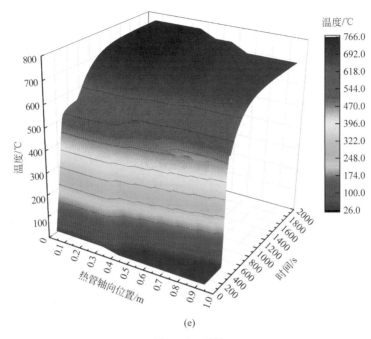

温度/℃

(e)

图 4.13 （续）

热管启动 400 s 后温度锋面推进至冷凝段并使得该处明显升温。在 1600 s
后热管温度逐渐趋于稳定，热管完全启动，最终绝热段温度为 735℃。在其
他热流密度工况下的模拟现象与此工况基本一致。

4.4.2 热流密度分布对热管输热的影响

在 4.4.1 节计算中，热流密度假设为均匀分布，但在实际应用场景中，
热管蒸发段的热流密度可能并不均匀。本节选取三组工况对比分析热流密
度分布对热管输热特性的影响，包括均匀加热工况、蒸发段部分加热工况以
及阶梯型热流分布工况。三组工况均采用相同的输入功率和冷端换热边
界，其中均匀加热工况蒸发段的热流密度固定为 4×10^4 W/m²。如图 4.14
所示，由于总加热功率和冷却条件相同，不同工况间热管绝热段温度及冷凝
段温度近似相等，热流密度分布对热管稳态运行温度的影响主要体现在蒸
发段温度分布上。

图 4.14(a) 为蒸发段部分加热工况与均匀加热工况的稳态温度对比。
在蒸发段部分加热工况中，蒸发段端部前 1/5 长度不加热，而剩余 4/5 长度
加热且热流密度均匀（5×10^4 W/m²）。相比于均匀加热工况，部分加热工

况的加热段热流密度为均匀加热工况的 125％,因此该部分壁面温度比均匀加热工况高约 5℃;而不加热段的壁面温度相比均匀加热工况相同位置处的温度低约 30℃。图 4.14(b)为蒸发段热流密度阶梯分布工况与均匀加热工况的稳态温度对比。由于热流密度阶梯分布工况在蒸发段中间平台处的热流密度最大,此处向两侧的轴向传热较弱,致使热量集中在蒸发段中部,该处热管壁面温度达到最大值 780℃,比均匀加热工况相同位置的壁面温度高约 25℃。在蒸发段两侧,阶梯分布工况的热流密度小于均匀加热工况,因此其壁面温度也相应低于均匀加热工况。

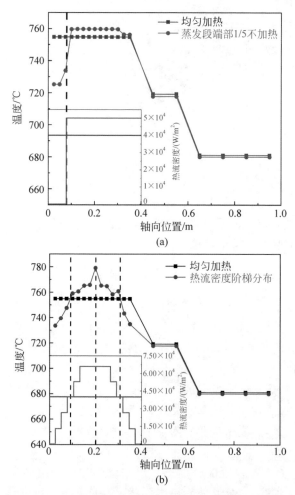

图 4.14　热流密度分布对热管稳态轴向温度分布的影响

(a) 蒸发段端部部分加热与均匀加热对比;(b) 阶梯热流密度分布加热与均匀加热对比

　　总结而言,热管蒸发段稳态温度受蒸发段热流密度分布的影响较大,其分布与热流密度分布相似,而绝热段和冷凝段的温度几乎不受热流密度分布影响。

　　图 4.15 为热流密度不均匀工况下热管启动过程中壁面温度随时间的变化。蒸发段部分加热工况如图 4.15(a)所示,在该工况下,蒸发段端部前 1/5 长度(0～0.08 m)热流密度为 0,对比 0.1 m、0.075 m、0.05 m 和 0.025 m 位置处的温升曲线知,热管启动过程中 0.1 m 处升温最快,未加热段的壁面按与加热段的距离依次升温,其中 0.025 m 处升温最晚。图 4.15(b)展

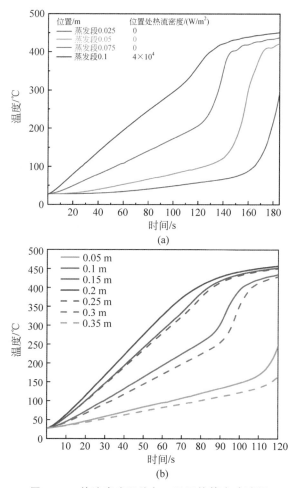

图 4.15　热流密度不均匀工况下热管启动过程

(a) 蒸发段部分加热；(b) 阶梯分布加热

示了热流密度阶梯分布工况下热管启动过程的温度变化。由于阶梯分布工况下蒸发段 0.2 m 处热流密度最大,因此启动过程中 0.2 m 处最先升温。随着热流密度的减小,温度锋面呈对称状态向两侧推进。

因此,对于热管启动过程、非均匀加热工况,热流密度最大的位置会率先升温,然后依照热流密度的大小以及距离该位置的远近依次升温。

4.4.3　冷端换热边界对热管输热的影响

本节选取了五组工况,对比分析冷端换热边界对热管输热特性的影响。蒸发段热流密度固定为 4×10^4 W/m^2。冷凝段外表面的发射率固定为 0.5,对流换热系数分别取 5、10、20、50、100 W/(m$^2 \cdot$ K)。表 4.4 给出了冷凝段不同换热边界工况下的热管冷态启动完全启动时间、稳态工作温度和等效传热热阻。

表 4.4　冷端换热边界对运行特性影响分析

工况	发射率	对流换热系数 /(W/(m$^2 \cdot$ K))	完全启动时间 /s	稳态运行温度 /℃	等效传热热阻 /(K/W)
1	0.5	5	400	755	0.0726
2	0.5	10	400	730	0.0716
3	0.5	20	420	680	0.0726
4	0.5	50	500	540	0.1662
5	0.5	100	未完全启动 ($L = 0.88$ m)	510	—

随着冷凝段外表面换热能力的增强,热管的稳态运行温度降低,完全启动时间增加。其中,当冷凝段对流换热系数为 100 W/(m$^2 \cdot$ K)时,热管启动长度为 0.88 m,无法完全启动。图 4.16 展示了不同冷端换热边界下轴向温度分布(图 4.16(a))和气体压强分布(图 4.16(b)),可直观看到热管启动段和未启动段的温度分布特点,启动段温度分布均匀,而未启动段温度梯度大。随着冷凝段对流换热系数的增加,冷端换热能力增强,热管的稳态温度降低;而在强冷凝段换热条件(100 W/(m$^2 \cdot$ K)工况)下,由于热管未完全启动,冷凝段末端蒸气压强骤降至接近真空状态,对应位置不参与热管内的气液两相循环。

图 4.17 为不同冷端换热边界下稳态温度和完全启动时间。在对流换热系数较低(小于 50 W/(m$^2 \cdot$ K))时,热管的完全启动时间随对流换热系数的增加而延长,其稳态温度与对流换热系数近似呈线性负相关。当对流换热系数升高至 100 W/(m$^2 \cdot$ K)时,热管无法完全启动,其稳态运行温度进一步下降。

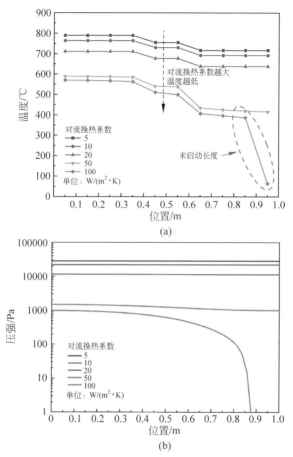

(a)

(b)

图 4.16　不同冷端换热边界下热管壁轴向温度分布和气体压强分布

（a）热管壁温度分布；（b）气体压强分布

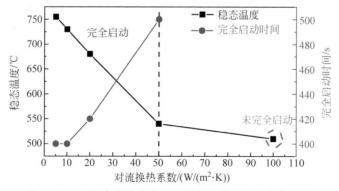

图 4.17　不同冷端换热边界下稳态温度和完全启动时间

4.4.4 长径比对热管输热的影响

本节选取了三组不同长径比工况,对比分析长径比对热管输热特性的影响。其中热管的直径均为 0.02 m,长度分别设定为 1 m、2 m 和 3 m,对应的长径比分别为 50、100 和 150。不同工况下蒸发段、绝热段与冷凝段的长度比例均为 2∶1∶2。图 4.18 展示了 4×10^4 W/m² 热流密度工况下不同长径比的热管稳态轴向温度分布。如图所示,在相同的热流密度下,不同长径比的热管稳态温度存在差异。2 m 热管的稳态运行温度比 1 m 热管提高了 15℃;3 m 热管的稳态运行温度比 1 m 热管提高了 20℃;不同长径比下,蒸发段与冷凝段间的温差基本相同。这表明固定热流密度时,长径比仅影响热管整体稳态温度,对热管轴向温度分布影响较小。图 4.19 展示了不同热流密度工况下热管稳态运行温度与长径比的关系。在相同热流密度下,热管稳态运行温度随长径比的增大而升高。在热流密度较低时(4×10^4 W/m² 工况),热管稳态运行温度对长径比敏感度较低,长径比提升至 3 倍后温度仅提升 20℃。而随着热流密度的升高,在 8×10^4 W/m² 工况下长径比提升至 3 倍后温度提升了 100℃,长径比对热管运行温度的影响增大。

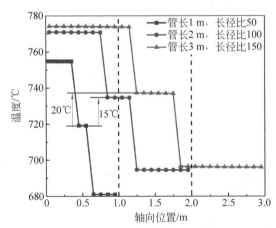

**图 4.18 4×10^4 W/m² 热流密度工况不同长径比的
热管稳态轴向温度分布**

图 4.20 展示了总加热功率 1000 W 工况下不同长径比热管稳态轴向温度分布。由于加热功率固定为 1000 W,随着热管长度的增加,其热流密度下降。在长径比提升至 2 倍时,蒸发段平均温度下降 165℃;而长径比从 2 倍提升至 3 倍时,蒸发段平均温度仅下降 10℃。当热管长度为 3 m,即长

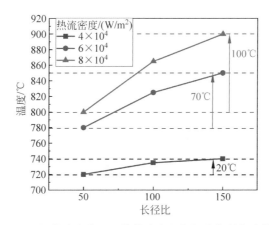

图 4.19　不同热流密度工况热管稳态运行温度与长径比的关系

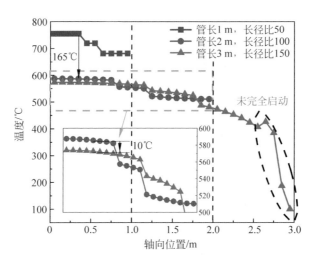

图 4.20　总加热功率 1000 W 工况下不同长径比热管稳态轴向温度分布

径比为 150 时,热管未完全启动,冷凝段出现明显的温差。这表明在固定加热功率时,长径比可通过影响热流密度从而影响热管稳态温度。同时,在长径比较高时还易出现启动困难的现象。而在长径比较小时,热管稳态温度对长径比的改变敏感,但随长径比增加,该影响逐渐减弱。

图 4.21 展示了 $4×10^4$ W/m² 热流密度工况下不同长径比的热管启动过程壁面温度变化。蒸发段首先受热升温,绝热段均在 200 s 后开始升温,蒸发段和绝热段受长径比影响较小。而随着长径比的增加,冷凝段的升温

从 380 s 延后至 430 s。这表明在固定热流密度时,长径比对冷凝段启动过程影响较大,因此增加长径比会导致热管整体的完全启动时间略有延长。

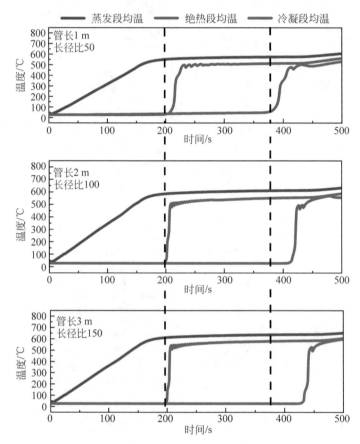

图 4.21　$4×10^4$ W/m^2 热流密度工况不同长径比的
热管启动过程温度变化

4.5　本 章 小 结

本章从丝网芯毛细输热模型出发,进一步考虑热管管壁热传导过程、碱金属熔化相变、气液两相流动换热等物理过程,建立了碱金属热管输热模型。研究结论如下:

(1)使用模型计算了钠热管典型输热工况的气液流场,并取 Fluent 计算结果为参考解进行对比。结果表明,模型计算的气液流速分布相对误差小于 10%,压强分布相对误差小于 5%。

（2）使用模型计算了公开文献中的钠热管实验,通过对比实验壁面温度测量值与模型计算值知,本书模型的计算误差在 30℃ 以内,初步验证了该模型的合理性。

（3）利用模型分析了热流密度及其分布、冷端换热边界和热管长径比等因素对丝网芯钠热管输热过程的影响。研究表明,随着热流密度提升,热管启动时间缩短,稳态运行温度升高;热流密度分布对蒸发段温度分布影响较大,而对绝热段和冷凝段温度影响较小;冷端换热边界主要影响热管的运行温度和启动长度,高冷却条件下热管启动功率增加;在固定加热功率时,热管长径比增加,运行温度降低,但其启动难度增加;而在固定热流密度时,热管长径比越高,运行温度越高,启动时间弱依赖于长径比。

需要指出的是,在本章的模型验证中,无论是温场还是流场的验证,均未直接体现出丝网芯毛细输热模型在热管毛细循环或毛细极限分析中的作用。由于碱金属热管毛细极限等研究的实验难度很大,公开文献数据极少。为进一步验证丝网芯碱金属热管输热模型,同时总结丝网芯碱金属热管在启动输热和毛细极限等特殊过程中的特性规律,第 5 章将进一步开展碱金属热管的实验研究。

第 5 章　钠热管瞬态输热特性研究

5.1　本 章 引 论

如 1.2.2 节所述,碱金属热管是热管堆的核心传热元件,是影响固态堆芯尺寸与性能的关键因素。本书第 4 章已建立丝网芯碱金属热管输热模型,为进一步验证并完善模型,同时探索丝网芯碱金属热管在启动和毛细极限等输热过程的特性规律,亟须实验的补充。

实验是碱金属热管运行规律的重要研究手段。本章针对自研的钠热管建立了实验台架。实验中热管冷凝段采用空冷、水冷和油冷三种不同的冷却方式进行,具体内容包括:设计空气冷却的热管实验装置,研究不同倾角下热管的启动输热特性;设计水冷却/油冷却强迫循环的热管实验装置,研究高热流密度下热管毛细极限过程的现象与规律。同时实验测量数据可用于丝网芯碱金属热管模型的进一步验证。最后,本章结合实验与模型,总结了丝网芯钠热管的启动与毛细极限等过程的输热机制。

5.2　实验装置系统

根据前述实验目的与内容,实验装置设计指标要求包括:①加热功率:$0 \sim 20$ kW;②热管放置倾角:$-90° \sim 90°$,倾角是指热管与水平方向的夹角,热管蒸发段在下,冷凝段在上时倾角为正;③测试温度区间:$20 \sim 900℃$(传热极限工况不超过 1000℃)。

热管蒸发段加载的热流密度需要适配冷凝段的冷却能力。考虑到热管启动过程热流密度低,而毛细极限工况热流密度高,因此分别选择使用空冷与强迫循环。接下来将具体介绍空气自然冷却与强迫循环冷却的系统组成与测量方法。

5.2.1　空气自然冷却实验系统介绍

由于空气自然冷却情形的散热能力弱,蒸发段输入的热量将主要供给热管启动所需消耗的能量,热管能够快速响应功率的变化。因此,简单的空气冷却系统适合于热管启动过程的研究。

使用空冷方式进行热管冷凝段冷却的实验装置主体(图 5.1)可分为四部分:热管、加热装置、角度控制系统与温度测量系统。实验装置如图 5.1(a)所示,图 5.1(b)是实验现场的装置图,包括:

(1) 丝网芯钠热管:总长 1.0 m,其中蒸发段长 0.4 m,绝热段长 0.2 m,冷凝段长 0.4 m。热管的详细参数如表 5.1 所示,蒸发段与绝热段由直径 0.1 m 的硅酸铝陶瓷纤维保温棉包裹,外层缠绕丙烯酸型铝箔胶带。

(2) 加热/冷却:蒸发段表面缠绕着若干圈电阻丝。通过电压调节加热功率,调节范围为 0～360 V,电阻丝的功率运行范围为 0～3.5 kW。冷凝段不做任何处理,使其与环境辐射换热和空气自然对流冷却。

(3) 角度控制:热管由一可旋转的夹持工具固定。通过曲柄,倾斜角可任意调整;采用数显倾角仪测量得到热管倾角。本实验中,倾斜角定义为与水平线所呈的夹角,因此水平情形倾斜角 $\theta=0°$,竖直情形倾斜角 $\theta=90°$。

(4) 温度测量系统:温度通过热管表面紧附的热电偶来测量。实验中热电偶分布在距离蒸发段封口 5 cm,15 cm,…,85 cm,95 cm 等 10 个节点位置,所有节点处均使用 2 个对置热电偶进行测量以减小误差,热电偶使用卡箍固定以方便拆卸和更换。实验表明,该安装形式带来的测量偏差在实验测量范围内小于 5℃,图 5.2 展示了热电偶测点布置的实物图。因保温棉表面也布置有 1 个热电偶用以测量保温棉表面温度,故本实验共使用了 21 个测温热电偶。热电偶测量布置在图 5.2(b)中进行了标注。

表 5.1　实验热管参数

参　　数	参　数　值	参　　数	参　数　值
蒸发段长度	400 mm	热管工质	钠
绝热段长度	200 mm	工质充装量	37.2 g
冷凝段长度	400 mm	热管总重量	940.6 g
热管规格	$\phi20\times L1000$ mm	丝网芯类型	双层丝网,内层 100 目,外层 400 目
热管内径	16 mm	丝网芯材料	304 不锈钢
热管管壳材料	316 不锈钢	丝网厚度	0.3 mm

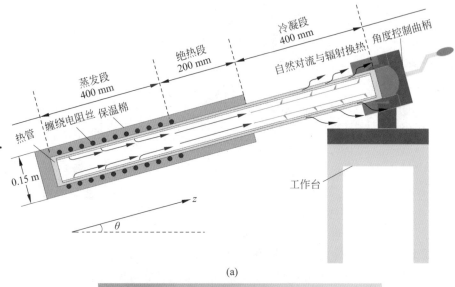

(a)

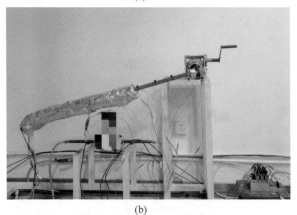

(b)

图 5.1　空气冷却实验装置图

(a) 空气自然冷却实验示意图；(b) 空气自然冷却实验装置

　　实验中使用的仪器设备具体型号参数和运行区间见表 5.2。在本实验中，热管运行温度较高，为预防热管发生破口时工质喷射威胁实验安全，热管应始终运行在负压状态。根据钠工质饱和温度和压强的关系，在热管运行温度为 900℃时，内部压力约为 0.1 MPa。因此，热管实验安全阈值设置为 900℃，超温将切断加热热源。

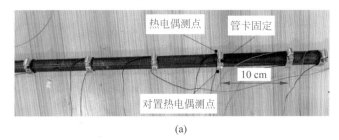

(a)

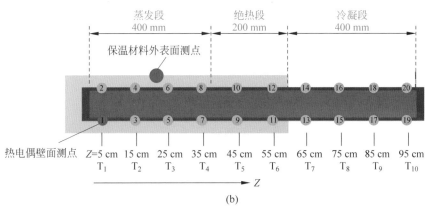

(b)

图 5.2　热电偶测点的安装与布置

（a）热电偶安装实物图；（b）热电偶布置位置

图 5.3 给出了空气自然冷却实验中覆盖的实验工况点，倾角范围覆盖 $-15°\sim45°$，加热功率覆盖 $0\sim1.5$ kW。

表 5.2　空气冷却实验设备参数

名　　称	规　　格	使用描述
铠装电阻丝	220 V 3500 W/ $\phi3\times5000$ GH3030	直流电压供电，$0\sim3.5$ kW，耐受温度 900℃
直流稳压器	—	电压调节范围 $0\sim360$ V
K 型铠装热电偶	WRKK-113/I $\phi1\times300\times2000$	测量范围 $0\sim1300$℃ 精度 ±1.5℃ 或 $\pm0.004|t|$
保温棉	耐高温硅酸铝陶瓷纤维	耐受温度 1260℃
铝箔胶带	丙烯酸型玻璃纤维铝箔	耐受温度 600℃

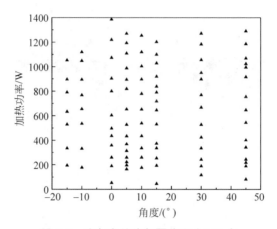

图 5.3 空气自然冷却覆盖实验工况点

5.2.2 强迫冷却实验系统介绍

空气冷却实验系统中,冷凝段采用辐射和自然对流进行换热,利于实现热管启动过程对功率变化的快速响应。然而,空气冷却系统冷凝段较弱的换热能力也限制了热管输入功率和载出功率的进一步提升。为研究热管在更高功率下的极限传热能力,需要强化冷凝段传热,一种可行的方式是在冷凝段使用强迫循环冷却带走热量。

相比于空气冷却实验装置,强迫循环冷却实验需要改进的装置包括更高功率的加热系统、冷凝段冷却回路系统和气隙回路系统。实验难点在于冷凝段冷却套及回路设计和冷凝段壁面温度的测量问题。

强迫循环实验装置整体设计如图 5.4 所示。实验装置包含三个回路系统:

(1)热管内部工质的循环回路。热管蒸发段通过加热丝或加热炉加热升温,工质蒸发并流动到冷凝段,在外部冷却组件的作用下工质气体凝结成液体,并在丝网芯毛细力作用下回流至蒸发段。

(2)冷却介质回路系统。冷却介质以水为例,水泵驱动冷却水箱中的水流动,并依次经过流量计、与热管冷凝段紧密配合的水套,冷却水流动带走热管冷凝段热量。

(3)气隙回路系统。由于热管运行温度较高(可达 900℃),冷却介质(如水等)和高温壁面接触时由于温差较大可能发生沸腾现象。抑制冷却介质和壁面间的温差可通过增加气隙热阻或更换冷却介质的方式实现,本实验对这两种方式均进行了尝试。在 3 kW 功率范围内,采用水作为冷却介质,在冷却水和热管管壁之间设置一层可调压的氦气气隙回路以控制冷却套壁面与水之间的温差;而在大于 3 kW 的功率范围,水冷却连续调节范围受限,因此将水改为具有更高稳定运行温度的合成导热油(运行温度调节范围 50~340℃)。

冷却回路系统如图 5.4 所示,包括冷却套、冷却水箱(或油箱)和涡轮流量计。以水循环回路为例,冷却水箱使用水泵维持水循环,涡轮流量计对回路中水的流量、流速等信息进行实时测量。冷却水套的气隙厚度为 1.5 mm,水隙厚度为 4 mm。冷却水从进口管流入环形流道,对热管冷凝段进行冷却,再从出口管流出带走热管热量,通过测量冷却水的质量流量及温度变化可以得到热管的载出功率。

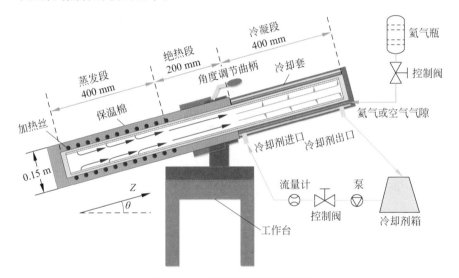

图 5.4　水冷却实验装置示意图

为使得实验装置覆盖较大的热流密度范围,加热和保温的设计至关重要。本实验设计了两套实验系统,分别覆盖 1~3 kW 功率范围和 3~6 kW 功率范围。两套加热系统主要在冷端换热上存在差异。

在 1~3 kW 功率范围,采用耐高温(1100℃)加热丝直接缠绕在热管管壁进行加热。保温采用纳米级 Ti_2SiO_5 隔热材料,热导率小于 0.034 W/(m · K)。整体实验装置如图 5.5 所示。采用曲柄进行角度调节,使用坡度仪测量热管倾斜角度。实验中,采用水泵泵送常温常压水至热管冷凝段的水套用于冷却,在水套中采用氦气气隙控制冷却水和冷却套管壁之间的温差。

　　在 3～6 kW 功率区间，采用两根加热丝并联缠绕蒸发段外壁加热。蒸发段和绝热段保温采用纳米级 Ti_2SiO_5 隔热材料。在热管冷凝段保留冷却套组件，并采用合成导热油作为冷却介质，同时取消冷却套中的气隙结构增强换热能力。为防止热管发生冷冻极限，保持油温在 100℃ 以上。由于导热油出入口温度较高，在热管冷凝段冷却套和进出口管道外包裹硅酸铝保温棉减少漏热。由于装置重量显著增加，装置整体固定在水平工作台上。

　　实验系统的仪器和相关尺寸信息在表 5.3 中列出。

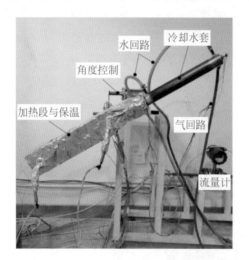

图 5.5　实验装置现场图

表 5.3　强迫循环冷却实验设备参数

名　　称	规　　格	使用描述
保温盒	长度 450 mm 高度 110 mm	外表面包覆丙烯酸型铝箔胶带
蒸发段保温材料	纳米级 Ti_2SiO_5 粉末材料 SiO_2 50%，$Ti_2SiO_5+Al_2O_3$ 50%	耐受温度 1100℃，密度 300 kg/m³ 导热系数 0.03 W/(m·K)，收缩率小于 2%
冷却套和管道保温材料	耐高温硅酸铝陶瓷纤维	耐受温度 1260℃
冷却介质	常温常压水或 THERMINOL 62 合成导热油	合成导热油稳定运行温度为 −23～340℃
电阻丝	220 V 3500 W $\phi3\times5000$	直流电压并联供电，0～3.5 kW
直流稳压器	—	调节范围 0～360 V

续表

名　　称	规　　格	使 用 描 述
电压表	交流电压变换器	量程 0～500 V,精度 0.5%
电流表	交流互感器	量程 0～50 A,精度 0.5%
K 型铠装热电偶	WRKK-113/I $\phi 1 \times 300 \times 2000$	量程 0～1300℃,精度 ±1.5℃ 或 ±0.004|t|
冷却回路压力 变送器	—	0～5 MPa,精度 0.1%
流量计	上衡 DN-10 涡轮流量计	量程 200～1200 L/h 精度 0.5%

　　由于在热管冷凝段加装冷却套,在强迫循环冷却实验中,热管的温度测量方案也发生了改变。温度测量包含蒸发段、绝热段和冷凝段 3 个测量区段。蒸发段和绝热段的温度测量与空冷实验中一致,采用卡箍固定热电偶的方式进行测量(图 5.2)。

　　但在冷凝段,由于强迫循环实验加装了冷却套,为了保证水套和热管的紧密贴合,无法使用卡箍方式固定热电偶进行温度测量。在经过多次尝试后,最终采用嵌入式的技术方案。如图 5.6 所示,导热筒内侧开有热电偶的放置凹槽,热电偶从冷却套两侧的凹槽半月孔插入,并利用热管和冷却套之间的挤压进行径向位置限定,采用卡箍在冷却套两侧,即热电偶导线入口位置进行轴向位置限定。该方案结构较为简单、热电偶周向位置精确,且热电偶与热管紧密接触。热电偶测量位置与空气自然冷却实验保持一致(图 5.2)。

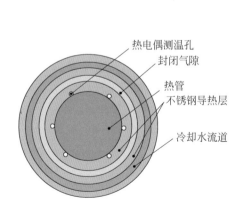
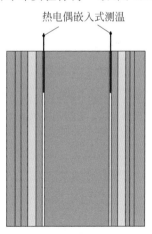

图 5.6　冷却套管横截面与嵌入式测温方案示意图

5.2.3　实验测量参数与不确定度分析方法

实验过程中,直接测量的物理量包括壁面温度 T、循环冷却工质压强 P、循环冷却工质流量 G、加热丝电流 I、加热丝电压 U。其他的测量参数需要通过间接计算获得,包括:

(1) 热管壁面温度

热管壁面在热管长度方向上等间距布置有对置热电偶组,各位置的温度计算通过如下公式计算获得:

$$T_{\mathrm{HP}} = \frac{1}{N}\sum_{i=1}^{N} T_i \tag{5-1}$$

式中,T_i 为热管第 i 处的温度;N 为该温度测点位置热电偶的布置数,本实验中 $N=2$。由于热管温度沿热管长度方向存在温度差异性,按照 GB/T 14812—2008《热管传热性能试验方法》,采用绝热段的温度来表征热管内部气体运行温度,并定义为热管的工作温度。

热电偶为 1 级热电偶,壁面温度测量的 B 类不确定度为

$$U_{\mathrm{B}} = \Delta_{\text{仪器}} /C \tag{5-2}$$

式中,热电偶仪器误差为 $2\,\mathrm{℃}$;置信概率 $P=0.863$ 时,$C=3^{1/2}$。单个测点布置两个热电偶,其测量不确定度为

$$U_{\text{温度}} = \sqrt{\sum_{i=1}^{2}\left(\frac{\partial f}{\partial x_i}\Delta x_i\right)^2} = 2\,\mathrm{℃} \tag{5-3}$$

(2) 热管输入功率与蒸发段热流密度

热管输入功率为电热元件电功率,由测得的电流和电压得到:

$$P_{\mathrm{in}} = UI \tag{5-4}$$

式中,P_{in} 为电功率;U 为电压;I 为电流。其中,电压使用交流电压变换器测量,测量范围 $0\sim500\,\mathrm{V}$,精度 0.5%;电流使用交流互感器测量,测量范围 $0\sim50\,\mathrm{A}$,精度 0.5%。根据误差传递计算,功率的测量误差为 0.7%。

蒸发段热流密度也是衡量实验加热条件的重要参数,定义为

$$q = \frac{P_{\mathrm{in}}}{A} \tag{5-5}$$

式中,A 为热管蒸发段表面积;q 为蒸发段输入的热流密度。

(3) 热管输出功率

热管输出功率即为冷却功率,根据测量得到的冷却工质流量和冷却工质进出口温度,通过如下公式计算得到:

$$P_{out} = C_{pl}m_1(T_{out} - T_{in}) \tag{5-6}$$

式中,P_{out} 为输出功率;m_1 为冷却工质的质量流量;C_{pl} 为冷却工质定压比热容;T_{in} 和 T_{out} 分别为冷却工质的进出口温度。

(4) 热管热传输效率

热传输效率根据热管输出功率和热管输入功率可得,计算公式如下:

$$\eta_t = \frac{P_{out}}{P_{in}} \times 100\% \tag{5-7}$$

式中,η_t 为热传输效率;P_{out} 为输出功率;P_{in} 为加热功率。

(5) 热管当量传热热阻和传热系数

热管传热热阻的表达式如下:

$$Rec = \frac{\Delta T}{P_{in}} \tag{5-8}$$

式中,Rec 为当量传热系数;ΔT 为蒸发段和冷凝段温差;P_{in} 为输入功率。

5.3　钠热管启动实验研究

碱金属热管从启动至稳定运行,包含碱金属固态熔化、蒸发冷凝、气液两相碱金属流动、丝网芯毛细力驱动等紧密耦合的复杂物理过程。本节采用空气自然冷却方式,对不同倾角、不同加热功率工况下的钠热管启动过程输热特性及启动过程中伴随的温度振荡现象开展研究。

5.3.1　热管冷态启动过程

在水平倾角(0°)下,热管内两相循环几乎不受重力影响,毛细力是液相工质回流的唯一驱动力。本节以 0°倾角为基准工况,研究热管冷态启动过程。

图 5.7 展示了在 0°倾角,以 30 W/min 速率至加热功率 1 kW,空气自然冷却的条件下,热管在冷态启动过程中外壁面测点温度随时间的变化。

实验开始前,碱金属工质呈固态,气腔内呈真空状态,热管测点温度均为室温。实验开始后,根据热管测点温度的变化趋势,可以将热管的启动过程分为三个阶段:

(1) 自由分子流动阶段:0~1200 s,蒸发段壁面温度由于电阻丝加热而迅速上升,固态工质开始升温并熔化,少量的工质蒸发并在气腔形成稀薄气体。此时腔室内气体分子密度极低,扩散效应占主导,呈现自由分子流状态,无法形成定向流动并有效传热。此时蒸发段的热量仅极少量通过固体管壁传导至蒸发段下游,绝热段和冷凝段的壁面温度几乎无变化。

(2)连续流动区域扩展阶段:1200~2200 s,工质蒸发累积,蒸发段的气体形成连续流动状态,热量从蒸发段逐渐向绝热段及冷凝段方向传导。此时气腔内同时存在着两种流动状态:自由分子流和连续流。在这两种流动状态的交界处,气体温度存在明显的下降梯度,称为"温度锋面"。随着时间的推移,温度锋面不断向下游推进。推进过的区域为热管启动段,内部气体为连续分子流;而未启动段内气体为自由分子流。连续流扩展阶段是热管启动过程的主要阶段,管内的气体分子流型由自由分子流逐渐向连续分子流转变。

(3)连续流动阶段:2200 s以后,温度锋面已经推进至冷凝段末端,气体在全管气腔的流动状态均为连续流。此时热管的绝热段和冷凝段已经完全启动,启动过程结束。当冷凝段的散热率等于蒸发段的输入净功率时,热管内工质建立了稳定的蒸发流动和冷凝回流过程,热管达到稳态。

由于实验过程中采用空气自然冷却,冷凝段暴露在空气中,从冷凝段管壁温度变化导致的颜色变化可以直观地看到热管的温度锋面推进与启动过程,包括冷凝段启动初期(管壁为黑色)、热管部分启动(启动段管壁为红色,未启动段黑色)和完全启动(冷凝段全管为亮红),如图5.8所示。

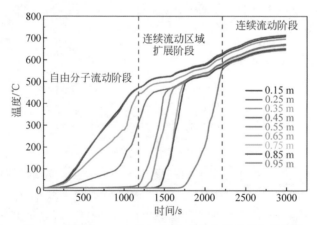

图 5.7　0°倾角,1 kW 输入功率,空气自然冷却条件下的
热管启动过程

热管在启动过程中的传热性能可通过热管蒸发段与冷凝段的温差及热管等效传热热阻等特性参数衡量。

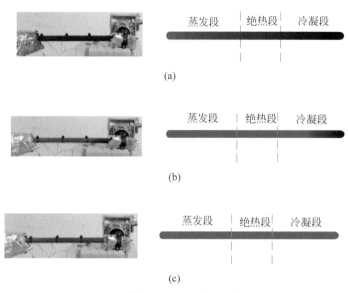

图 5.8　热管启动过程中热区的推进

(a) 1300 s(冷凝段开始启动)；(b) 1700 s(热管部分启动)；(c) 2200 s(热管完全启动)

热管蒸发段和冷凝段温差是热管等温性的体现。在相同热管载热量下，热管两端温差越小，热管传热效能越高。图 5.9(a)展示了 0°倾角下不同输入功率的稳态温度分布。根据加热功率，可分为低于等于 500 W 和高于 500 W 两种不同的情况：

(1) 加热功率低于等于 500 W 时，热管处于启动过程，温度锋面向前推进。处于温度锋面前后位置的温度，其变化幅度远大于远离温度锋面位置的温度变化幅度。例如，加热功率从 260 W 提升至 360 W 时，热管不同测点温度平均上升约 45℃。其中 T_9 测点[①]温度上升幅度最大，为 120℃；T_3 测点温度上升幅度最小，为 20℃。热管处于启动过程且尚未完全启动时，在不同输入功率下的稳态温度分布出现了较大变化。

(2) 加热功率高于 500 W 时，热管完全启动。随着输入功率的提升，热管作为一个整体进行升温。例如，加热功率从 800 W 提升至 900 W 时，热管壁面温度平均上升约 35℃。其中 T_9 测点温度上升幅度最小，为 30℃；T_1 测点温度上升幅度最大，为 40℃。各个位置的温度上升幅度基本相当。

①　T_1，T_2，…，T_9，T_{10} 分别对应热管壁面距离蒸发段端部 5 cm，15 cm，…，85 cm，95 cm 这 10 处热电偶测点位置，对应关系可见图 5.2。

　　因此,热管在启动过程中的等温性较差。在热管完全启动后,热管的等温性趋于良好。图 5.9(b)展示了温差随加热功率变化的情况。加热功率从 260 W 提升至 500 W 时,热管处于启动过程,温差从 110℃ 下降到 50℃,温差下降的主要原因是温度锋面的推进。加热功率从 500 W 提升至 1390 W 时,温差从 50℃ 上升到 90℃,此时热管已完全启动,热流密度增加是温差上升的主要原因。

　　在实际应用中,热管的热负荷也是衡量热管传热性能需要考虑的因素。蒸发段和冷凝段温差无法反映热管的热负荷。因此,本章进一步使用热管等效传热热阻来定量衡量热管的传热性能。热管等效传热热阻为热管蒸发段和冷凝段温差与输入功率的商,热管等效传热热阻越小,热管传热性能越好。图 5.9(c)展示了热管传热热阻随输入功率变化的情况。输入功率从 260 W 提升至 500 W 时,传热热阻从 0.40 K/W 下降到 0.10 K/W,下降幅度大。输入功率从 500 W 提升至 1390 W 时,传热热阻从 0.10 K/W 下降到 0.07 K/W,且输入功率大于 1000 W 时,传热热阻基本稳定在 0.07 K/W。由此可得,在热管启动过程中,热管的等效传热热阻随热管启动长度增加而减小;当热管完全启动,热管的等效传热热阻趋于定值。

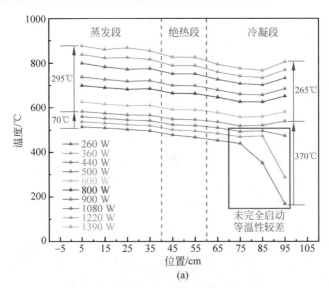

图 5.9　0°倾角热管传热性能参数变化
(a)稳态温度分布;(b)绝热段平均温度及热管等温性;
(c)热管等效传热热阻随输入功率的分布

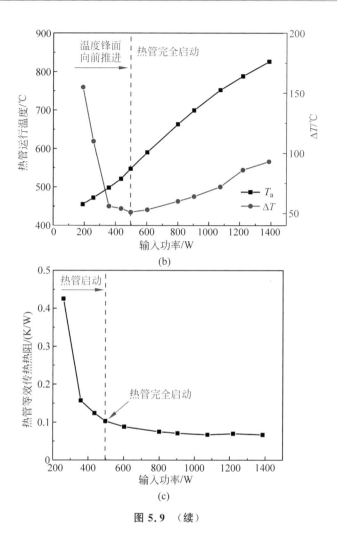

图 5.9　（续）

5.3.2　倾角对热管启动与传热性能的影响

5.3.1 节讨论了水平倾角下热管的启动过程。然而在实际应用中,热管由于安装偏差或运行条件的变化可能存在一定倾角。热管在倾角下除受到毛细力的作用,还将受到重力的影响:在正倾角情形,重力促进冷凝液回流,但重力对钠蒸气的流动具有阻碍作用,蒸气从蒸发段流至冷凝段具有额外的重位压降,需要相对更大的内部压差推动蒸气的流动,负倾角情形反之;同时,在正倾角下,重力会促使工质聚集在蒸发段底部形成液池,而负倾角下重力会促使工质往冷凝段流动使得蒸发段液膜变薄。因此热管在倾角下的启动及运行特点可能与水平情形存在差异。

根据 5.3.1 节的分析，热管完全启动的标志是温度锋面推进到热管冷凝段末端，当热管恰好发生完全启动时的输入功率被定义为临界启动功率。表 5.4 展示了热管在不同倾角下的临界启动功率。考虑到实验中的功率不是连续变化的，所以真实的临界启动功率应该介于完全启动功率和前序功率之间。根据不同倾角及加热功率，图 5.10 中将热管的启动状态划分为部分启动和热管完全启动两个区域：

Ⅰ区：热管已完全启动。

Ⅱ区：热管未完全启动。在不改变倾角的前提下，可通过提高输入功率使热管进入Ⅰ区。

表 5.4　不同倾角下的临界启动功率

倾角/(°)	临界启动功率/W	倾角/(°)	临界启动功率/W
−15	790	10	540
−10	540	15	720
0	440	30	420
5	430	45	400

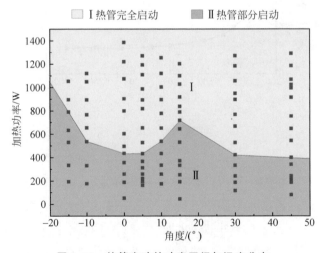

图 5.10　热管启动的功率区间与温度分布

热管的临界启动功率在 0°和 5°倾角下基本一致，约为 440 W；当热管倾角大于 5°时，热管的临界启动功率先上升后下降，在 15°位置达到局部峰值(720 W);而当热管倾角大于 30°时,临界启动功率下降至 400 W。在热管负倾角情形,热管的临界启动功率随着倾角增大而变大,在热管倾角为 −15°时,热管的启动功率由水平的 440 W 增加至 790 W。

临界启动功率随倾角变化的本质是内部毛细力与重力间竞争的反应。在负倾角情形,重力沿液相流动的分量是阻力作用,毛细力除了需要平衡两相流动压降,还需克服重力分量的影响,此时水平倾角下的临界启动功率只能部分启动热管。负倾角下,需要进一步提升功率使得热管启动段蒸气压抬升,促使热管冷凝段末端达到连续流动状态。此时,热管两端温差变大且临界启动功率提升。

在热管正倾角情形,蒸发段底部在重力的作用下沉积有部分液态工质,回流液膜相比水平情形变薄。重力沿液相流动方向的分量对于液相流动起促进作用,但底部积液会使得回流液膜变薄从而增大回流压降,这两种机制相互竞争,使得热管的临界启动功率存在拐点。在 5°倾角时,由于倾角较小,毛细力仍占主导,临界启动功率与水平情形没有明显差异。而在 10°和 15°倾角,重力的分量相比于毛细力不可忽略,倾角引起的回流液膜变薄为主导效应,临界启动功率提升。而在热管倾角大于 30°情形,重力的分量占主导,回流促进效应显著,此时热管的临界启动功率与 0°倾角相当。

在 Wang 等[79]的钾热管实验中,同样观察到了热管的启动功率在 15°倾角处出现拐点,但与本实验中不同的现象是,Wang 等[79]在实验中发现 15°倾角下热管临界启动功率相比于其他倾角更低。该差异性可能是因为使用了不同结构和工质的热管导致的。

图 5.11 展示了在 −15°、0°、15°倾角下,热管蒸发段和冷凝段的温差随不同加热功率变化的图像。由图可知,在不同倾角下,热管蒸发段和冷凝段温差的变化趋势基本相同,均为先下降,后略有抬升,极小值均出现在 500～600 W,约 50℃。在 0°和 15°倾角的情形,在 600 W 后热管两端温差略有提升;而 −15°倾角下温差随功率增大则有较明显的抬升。

图 5.12 展示了不同倾角下热管传热热阻的分布。同 0°倾角类似,热阻的变化过程分为两个阶段。在加热功率小于 400 W 时,热阻从 2 K/W 左右迅速下降到 0.3 K/W 左右,对应热管的启动过程,由于热管有效传热段的增加,热管传热性能提升,等效热阻迅速下降;而当加热功率大于 400 W 时,传热热阻以非常缓慢的速度下降,最后基本稳定在 0.07～0.08 K/W,热管的等效传热热阻趋于定值。

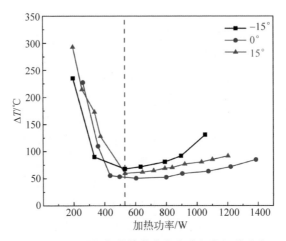

图 5.11　不同倾角热管蒸发段和冷凝段温差分布

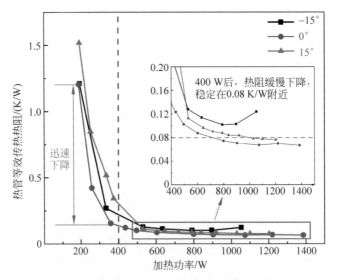

图 5.12　不同倾角热管等效传热热阻比较

5.3.3　热管启动过程中的间歇沸腾现象

　　前述小节讨论了倾角效应对于热管的临界启动功率、等温性和等效传热热阻等稳态输热性能参数的影响。在热管启动实验中,还观察到当输入功率的值在一定范围内时,热管已启动位置的温度会出现周期性的温度振荡现象。该振荡现象与文献中热虹吸热管中的间歇沸腾现象相似[142,143]。

5.3.3.1　温度振荡基本现象

图 5.13(a)展示了热管在 30°倾角下,启停全过程壁面温度的瞬态变化过程。可观察到,在升功率和降功率两个阶段,均存在壁面温度振荡的功率区间。以 30°倾角实验数据为例,图 5.13(b)展示了该倾角下热管振荡现象的起始过程。图中只展示了 $T_1 \sim T_6$ 测点的温度,是因在该时间段 $T_7 \sim T_{10}$ 测点对应位置还未启动。6250 s 时,输入功率从 190 W 提升至 240 W。6600 s 时,T_1 测点温度在升高的过程中突然发生了下降,并开始振荡。其他测点温度虽然变化趋势与 T_1 测点温度不同,但是同样发生了周期性振荡现象。图 5.13(c)展示了输入功率为 770 W 下的热管测点温度的振荡现象,图像明显与图 5.13(a)、图 5.13(b)不同。由此可说明,在不同的工况下,振荡的周期和振幅会发生变化;但依然能够从图中获得不同工况下振荡现象的共性规律:①不同测点的振荡现象在整个热管的启动段同步发生,当 T_1 测点温度达到极大值时,其他位置测点温度达到极小值;T_1 测点与其他测点同周期反相。②除 T_1 测点温度外,其他测点温度变化趋势相同,振荡的相位相同、幅度相同。③T_1 测点温度的振幅大于其他位置测点温度的振幅。图 5.13(d)展示了振荡现象的截止。21950 s 时,加热功率从 900 W 提升至 950 W,温度振荡的幅度和相位变化较大,逐渐失去周期性的特征。22400 s 时,T_1 测点温度在下降过程结束后,没有进入下一个上升过程,温度振荡现象截止。

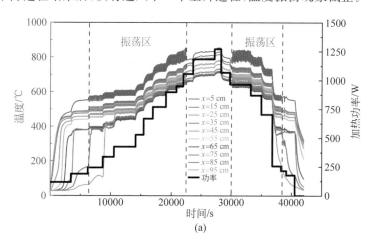

(a)

图 5.13　30°倾角热管温度振荡现象

(a) 实验过程中的温度振荡现象;(b) 加热功率 240 W,振荡起始;
(c) 加热功率 770 W,稳定振荡;(d) 加热功率 950 W,振荡截止

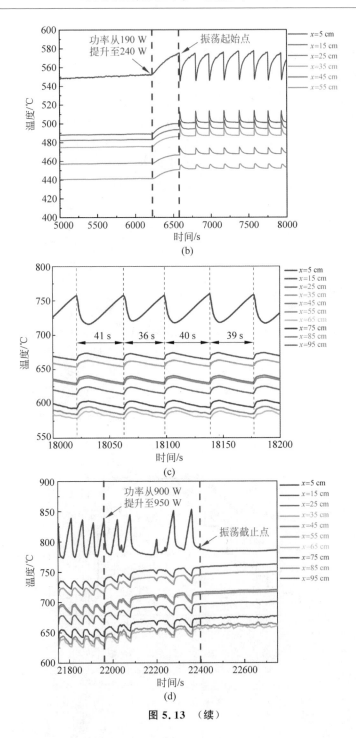

图 5.13 （续）

在 30°倾角的工况下,加热功率在 240~900 W 时,热管发生温度振荡现象;而在该功率区间外,温度振荡现象不发生。因此,热管发生温度振荡现象存在功率的阈值效应。不同倾角下,输入功率的阈值会发生改变。图 5.14 展示了温度振荡现象的功率与倾角关系。由图可知,温度振荡现象仅发生在热管正倾角运行情形,发生振荡的临界功率阈值约为 250 W;而振荡截止功率约为 950 W,且随着倾角增大,振荡截止功率略有抬升。

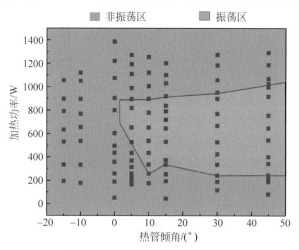

图 5.14　振荡与无振荡功率区间

热管测点温度也存在振荡起始温度和截止温度。表 5.5 列出了温度振荡起止时,T_1 测点、T_2 测点和热管运行温度值。其中,热管运行温度使用绝热段平均温度表征。以 T_1 测点的温度作为参考,温度振荡现象发生时 T_1 测点的温度在 580~780℃。

表 5.5　温度振荡现象起止温度

测　　点	$T_1(x=5\text{ cm})$	$T_2(x=15\text{ cm})$	热管运行温度*
振荡起始温度/℃	580 ± 25	520 ± 35	485 ± 40
振荡截止温度/℃	780 ± 10	760 ± 10	715 ± 10

* 热管运行温度采用绝热段平均温度。

5.3.3.2　温度振荡机制

在正倾角的工况下,热管蒸发段底部因重力作用形成液池,如图 5.15 所示。在一定热流或温度区间范围内,由于热流密度无法维持稳定的核态沸腾,致使热管的换热在单相对流换热和核态沸腾两种传热能力不同的换热模式之间变化,进而导致间歇沸腾现象。

当间歇沸腾现象发生时,蒸发段底部液池在核态沸腾和单相对流换热之间转换,而液池以外的蒸发段通过液膜蒸发带走热量。T_1 测点靠近蒸发段底部,反映了液池区的温度变化信息;而 $T_2 \sim T_{10}$ 测点体现的是热管非液池区的温度信息。实验表明,非液池区内的测点温度变化趋势相同,振荡的相位和幅度也相同,因此可以用 T_2 测点的振荡周期参数表征非液池区整体的振荡周期参数。

图 5.15(a)显示了正倾角下热管底部液池和丝网内液膜的分布。图 5.15(b)给出了温度振荡过程的沸腾曲线。当壁面过热度变化,液池在单相对流换热和核态沸腾换热之间转变。

当液池区域壁面过热度增加,液态钠达到 A 点(图 5.15(b)),液池处的换热模式将偏离单相对流换热并进入如下循环过程:

A-B 阶段:A 点对应的壁面传热能力低于外部输入热流,导致壁面过热度增加,直到达到气泡成核的起始过热度。此时,气泡在壁面生成,液池区的 T_1 测点温度上升。

B-C 阶段:当过热度达到 B 点,气泡脱离成核点,液池区域换热模式从单相对流换热转变为核态沸腾换热,换热能力显著增强。

C-D 阶段:由于核态沸腾强化换热,换热能力大于外部输入热流,壁面过热度逐渐下降,此时液池区的 T_1 测点温度下降。同时,气泡溢出气液界面并进入热管气腔,导致热管气腔内的饱和蒸气压提升,此时非液池区对应的温度测点 T_2 温度上升,因此 T_1 与 T_2 温度振荡呈现相位相反的特点。此外,由于热管内气体流动速度快(0.1~0.3 马赫[115]),因此非液池区域的饱和蒸气压几乎同步提升,对应实验中非液池区域温度同频率、同振幅的振荡物理过程。

D-A 阶段:当壁面过热段下降到一定程度,气泡无法成核,核态沸腾截止。换热模式从核态沸腾再次转变为单相对流换热,即 A 点。振荡进入下一个周期。

图 5.15(c)给出了一个温度振荡周期内 T_1 和 T_2 的温度变化。当输入热流进一步提升,液池区域换热维持稳定的核态沸腾时,振荡现象将截止,此时的加热功率即为振荡截止功率。

上述物理图像分析对热管传热模式进行了抽象和简化,无法体现不同的倾角和加热功率对瞬态过程的具体影响。在下一小节,将结合实验测量数据,对不同倾角下的温度振荡过程变化趋势进行定量描述。

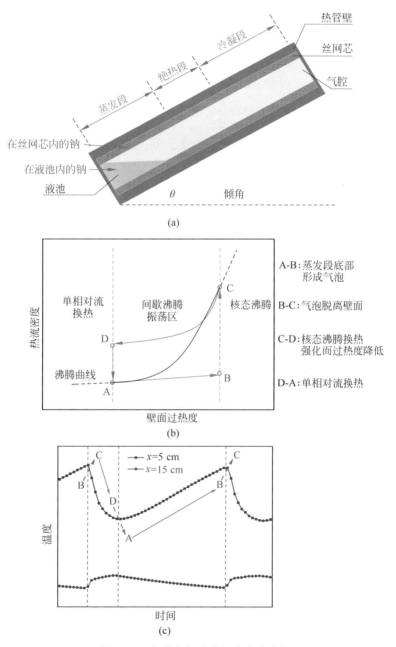

图 5.15　热管底部液池间歇沸腾过程

（a）热管正倾角下底部形成液池；（b）间歇沸腾循环；
（c）T_1 和 T_2 测点温度在一个振荡周期内的变化

5.3.3.3　倾角对温度振荡的影响

图 5.16 展示了实验测量可获取的振荡周期参数,包括周期、T_1 测点和 T_2 测点的振幅、上升时间、下降时间、平均温度以及 T_2 测点温度极大值和 T_1 测点温度极小值之间的时间差等参数。

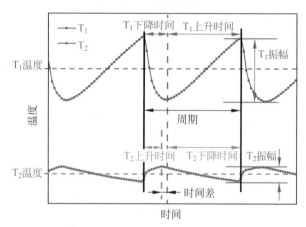

图 5.16　周期性振荡示意图及其参数说明

图 5.17 展示了倾角对温度振荡周期和振幅的影响。温度振荡发生在正倾角情形($5°、10°、15°、30°、45°$),而在负倾角($-15°、-10°$)或水平倾角下,振荡不发生。这与文献中的研究结果一致[143,144]。

图 5.17(a)表明,振荡周期随角度增大而增大,并在 15° 达到极值;倾角进一步增加,周期发生波动。在各个正倾角的振荡工况,振荡周期在 $35 \sim 90\ s$ 变化。该振荡周期与 Guo 等[143]研究的钠钾合金的热虹吸热管实验记录的振荡周期存在差异。在 Guo 等[143]的研究中,热管处于 40° 倾角,振荡周期约 140 s,几乎是本实验中钠热管振荡周期的 $2 \sim 3$ 倍。该周期差异可能是热管充液率不同导致的,Guo 等[143]的热虹吸热管的充液率大概为本实验中热管充液率的 2 倍;同时,热管的结构(有无丝网)和工质差异也可能导致振荡周期的差异。

温度振荡的振幅随角度的变化趋势如图 5.17(b)所示,与振荡周期类似,振幅随角度的增大先增大后减小,并在 15° 存在极值。温度振幅在 $40 \sim 60℃$ 变化。本实验中的振幅与 Guo 等[143]的钠钾合金热虹吸热管间歇沸腾的温度振荡振幅类似,但是远大于文献报道的水热管间歇沸腾温度振荡振幅[145,146](约为 10℃)。碱金属热管与水热管间歇沸腾的差异性可能与工质的润湿性有关,由于碱金属在金属壁面及丝网的润湿性优于水等非金属介质,因此成核点需要更大的过热度以引发碱金属的核态沸腾[147]。

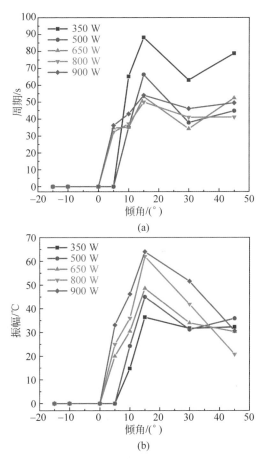

图 5.17　在不同倾角下的温度振荡参数

(a) T_1 周期性振荡周期随倾角的变化;(b) T_1 周期性振荡振幅随倾角的变化

加热功率也对热管间歇沸腾的温度振荡过程存在影响。以 30°倾角为例,展示加热功率对振荡周期的影响。

表 5.6 列出了 30°倾角下,热管 T_1 和 T_2 测点的温度振荡周期参数。温度振荡现象发生时,整个热管测点温度同步振荡,并有相同的周期。随着输入功率的提升,周期先是从 330 W 时的 63 s 下降至 670 W 的 34 s,再上升至 900 W 的 46 s,呈现先下降后上升的变化趋势,极小值出现在 650 W 附近。输入功率从约 330 W 提升至约 900 W 的过程中,T_1 测点温度振幅

从约30℃上升至约50℃;而 T_2 测点温度振幅在10℃左右波动,几乎不受输入功率的影响。实验中还观察到 T_1 与 T_2 测点的振荡波形虽然近似反相,但相位有约2 s的时间差,即 T_2 测点温度极大值的出现总是略早于 T_1 测点温度极小值出现。该时间差可能反映的是气泡成核后脱离壁面及液池进入热管气腔的时间。

表 5.6　30°倾角部分振荡周期信息

输入功率/W	周期/s	温度/℃		振幅/℃		下降时间/s		上升时间/s	
		T_1	T_2	T_1	T_2	T_1	T_2	T_1	T_2
330	63	580	525	32	11	8	58	55	5
420	43	590	540	29	12	8	38	35	5
530	38	630	570	31	9	9	34	29	4
670	34	685	625	34	6	7	30	27	4
770	41	740	670	42	8	9	35	32	6
900	46	790	710	52	12	13	34	33	12

图 5.18(a)展示了 T_1 测点温度的变化趋势。当输入功率从约330 W提升至约670 W时,温度振荡图像的下降沿和振幅无明显变化。当输入功率从约670 W提升至900 W时,温度振荡图像的整体变化趋势相同,但振幅变大,周期变长。图 5.18(b)展示了 T_2 测点温度的变化趋势。温度振荡的振幅和周期先减小后增大,在670 W达到最小振幅(6℃)和最小周期(34 s)。

在其他正倾角工况下,变化规律与30°倾角类似。

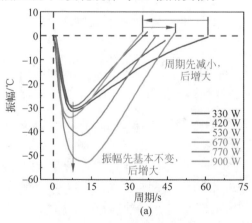

(a)

图 5.18　30°倾角振荡图像

(a) T_1 测点;(b) T_2 测点

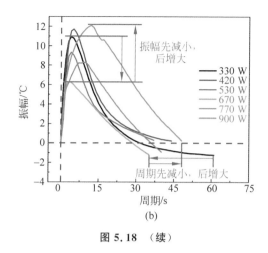

图 5.18　（续）

5.4　钠热管毛细极限实验研究

热管从启动到稳态运行后,若进一步提升热管的加热功率,可能遇到传热极限。在高功率运行区间,毛细传热极限是热管主要的传热性能瓶颈。

本节在强迫循环冷却条件下开展丝网芯钠热管毛细极限实验。实验发现,当热管工作在高热流密度、高加热速率、正负倾角的工况下时,都可能发生毛细极限。本节针对四种特殊工况下的毛细极限瞬态演变特性规律开展实验研究并将不同工况的结果进行对比分析,给出了影响热管毛细极限发生和发展过程的因素。

5.4.1　高热流密度下的毛细极限

在高热流密度下,当热管的蒸发量超过热管冷凝段的回流量时,回流工质不足将导致蒸发段端部的丝网芯内液膜干涸,从而引发毛细极限现象,这也是通常意义上的毛细极限[148],该过程对应的典型现象是蒸发段端部温度迅速上升。

实验中,逐渐提升水平倾角热管的蒸发段热流密度,直至发生毛细极限现象。发生时刻的热流密度为 1.12×10^5 W/m^2,将该值定义为毛细极限的临界热流密度,记为 q_c。

图 5.19(a)展示了热管的外壁面温度随时间的变化图像。在毛细极限发生前,热管的外壁面温度较为稳定,蒸发段温度($T_1 \sim T_4$)已达到 800℃

左右,绝热段温度(T_6)达到 700℃左右,冷凝段温度($T_7 \sim T_{10}$)达到 600℃
左右。毛细极限发生后,T_1 测点的温度以 0.3℃/s 的速率首先从 810℃下
降至 800℃,随后以 1.5℃/s 的速率迅速升温至 920℃。而其他所有测点的
温度始终下降。图 5.19(b)展示了毛细极限刚刚发生时刻和切断功率前时
刻的温度对比图像。位于蒸发段端部的 T_1 测点的温度上升了 110℃,位于
绝热段的 T_6 测点的温度下降了 100℃,位于冷凝段端部的 T_9 测点的温度
下降了 260℃。

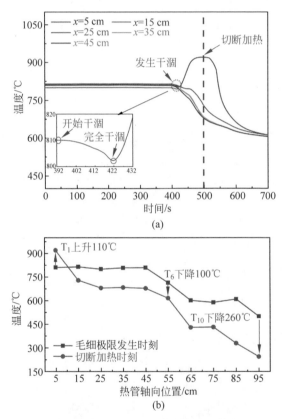

图 5.19　高热流密度下的毛细极限现象

(a) 热管温度变化曲线;(b) 热管毛细极限初始时刻与切断加热功率时刻的温度分布对比

图 5.20 展示了毛细极限发生过程的原理。在热管稳定运行工况,热管
蒸发段蒸发的工质质量流量与冷凝段回流的工质质量流量平衡。毛细极限
发生时,由于受毛细力驱动回流的液体不足以满足蒸发所需,蒸发段端部丝
网芯完全烧干将导致传热恶化,T_1 测点温度迅速上升;同时,由于干涸位

置处丝网芯的蒸发量几乎为 0,气腔内从蒸发段流至冷凝段的蒸气流在源头减少甚至断流,蒸气传热补充不足,导致其余测点温度下降。

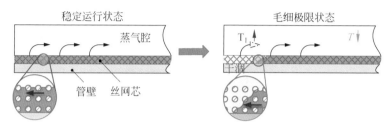

图 5.20　毛细极限原理示意图

　　实验中 T_1 测点的温度先下降后上升,是由于在毛细极限发展的初期,热管蒸发段 5 cm 位置前的丝网芯先开始干涸,导致 T_1 测点温度受蒸气压降低的影响下降;随后干涸逐渐扩张,在 T_1 位置丝网芯完全干涸时,传热恶化,温度迅速上升。该现象也可说明毛细极限发生后,干涸位点后的其余测点温度均会下降。

　　钠热管发生毛细极限时刻前后的温度响应特性与 Baraya 等[148] 报道的水热管毛细极限现象类似。水热管在达到毛细极限时,同样出现了蒸发段温度骤升但冷凝段温度略微下降的现象。但与水热管的毛细极限现象不同的是,钠热管的运行温度和发生毛细极限的临界热流密度均远高于水热管。在 Baraya 等[148] 的实验中,水热管的长度仅为 0.15 m,所以水热管在发生毛细极限后,冷凝段的温度仅在 2 s 内呈下降趋势,随后因管壁轴向热传导使得冷凝段与蒸发段同步快速升温。而本实验的钠热管长度为 1 m,120 s 内蒸发段端部的温度骤升过程难以通过轴向热传导对冷凝段造成影响,冷凝段的温度由于蒸气流量减小而略有下降。

　　热管的温度响应特性还与其毛细极限时刻所施加的瞬时热流密度有关。在 Baraya 等[148] 的水热管实验中,毛细极限发生时蒸发段的温度上升速率约为 5℃/s,高于本实验中钠热管的上升速率(1.5℃/s)。这是由于水热管实验所施加的瞬时热流密度超出毛细极限临界热流密度约 100%,因此温升速率显著提高。图 5.21 展示了钠热管在热流密度超出毛细极限发生的临界热流密度约 15% 时,蒸发段壁面测点在不同时刻的温度变化。热管同样出现了干涸位点温度升高、其余测点温度下降的特征现象。同时,T_1 测点的温度上升速率为 2.8℃/s,明显高于临界功率加热的 1.5℃/s。由此可推断毛细极限引发的蒸发段温升速率受瞬时热流密度超出临界值的程度的影响。此外,在 T_1 温度骤升后,T_2 测点在 20 s 延时后也出现了温度上升的现象,上升幅度约 10℃,远小于 T_1 测点的上升幅度。T_3 测点温度出现了先上升后下降的现象,而 T_4 测点温度在毛细极限发生后持续下降。T_2 和 T_3 测点在毛细极限发生后的温度变化受到蒸发流量减小和轴向导热增强这两个竞争效应的影响。T_2 测点处轴向导热效应占据主导,因此温度先保持不变而后温度上升;T_3 测点处蒸气流量减少影响更为显著,因此温度先上升后下降。

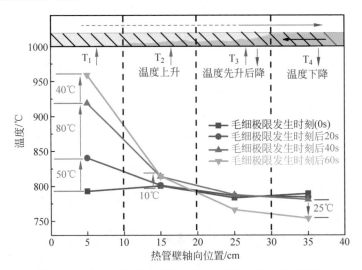

图 5.21　超出毛细极限临界热流密度约 15%时蒸发段在不同时刻的温度变化

为更直观地验证毛细极限现象,本节还进行了毛细极限的可视化实验。图 5.22 是热管在无保温棉条件下进行裸管加热时出现的局部过热现象。该实验去掉了热管蒸发段的保温棉和加热丝,改为在蒸发段外壁面缠绕电磁线圈进行加热。由图可知,热管加热至毛细极限后,蒸发段端部的局部区域内出现了明显的过热并呈现亮黄色,表面温度超过 1000℃。而蒸发段的其他区域管壁仍基本保持原有的状态,呈现均匀的暗红色(表面温度约650℃)。可视化实验直观地验证了毛细极限会导致热管蒸发段端部的温度升高,与蒸发段其他位置保持较大的温差,如不及时控制,温度将继续升高至热管熔毁,致使热管失效、内部工质泄漏,导致更严重的安全事故。

实验结果表明,在高热流密度或高加热功率下,毛细极限的重要标志是蒸发段端部的温度上升和热管其他部位的温度下降。如果施加的瞬时热流密度超过临界热流密度,则丝网芯干涸长度可能增加,升温区域可能延长,最终导致热管因温度升高而产生不可逆的损坏。

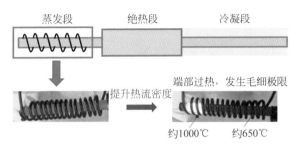

图 5.22　水平裸管加热方式的局部过热传热现象

5.4.2　高加热速率下的毛细极限

在钠热管冷态启动实验中发现,在过高的加热速率下,热管同样会出现与高热流密度下毛细极限类似的蒸发段端部温度骤升的现象。

图 5.23 展示了不同加热速率下热管端部测点 T_1 的温度变化曲线。共有 4 种不同的蒸发段加热方式,包括阶跃加热至前述毛细极限临界热流密度 q_c 的 40%、50%、60% 以及平稳提升至 60% q_c。在阶跃式加热中,蒸发段直接加载指定热流密度,热管承受热冲击;而在平稳提升功率加热中,蒸发段分阶段逐步加载至指定热流密度。实验表明,加热速率对于热管的稳定性影响显著。当蒸发段阶跃加载 40% q_c 时,热管从冷态启动并能稳定运行,热管端部 T_1 的温度逐渐提升且无明显波动。而在阶跃热流密度为 50% 及 60% q_c 时,T_1 处的温度在上升过程中均存在温度骤升的现象。区别在于,50% q_c 阶跃工况,T_1 温度仅上升 60℃ 就在未加干预的情况下自行恢复至稳定运行的状态;而 60% q_c 阶跃工况时,T_1 温度上升了 260℃,未能自行恢复,最终切断功率才使得温度下降。若采用平稳提升的方式将加热功率逐渐升至 60% q_c,热管温度在加热过程中将稳定抬升,不会出现温度波动或骤升的现象。

当热管蒸发段直接加载 60% q_c 的热流密度时,该热流密度虽远低于毛细极限发生的临界热流密度 q_c,但由于加热速率过快,热管同样出现蒸发段温度骤升的毛细极限现象。由于热管初期处于冷冻状态,当初始加热速率较高时,热管蒸发段局部的热流密度和蒸发质量通量上升;但由于此时热管还未完全启动,冷凝段的液体不能及时回流平衡蒸发所需的量,因此出现传热恶化,温度骤升。

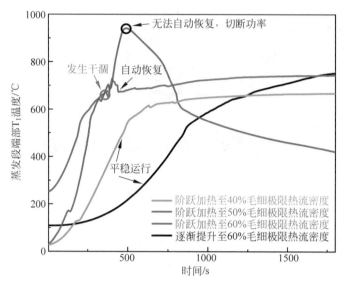

图 5.23　蒸发段端部(T_1)在不同加热速率下的温度变化

对于加热速率较低的工况(如阶跃加载 40% q_c 和平稳提升功率至 60% q_c 的工况),丝网芯中的蒸发量和液体供应量始终处于动态的增长平衡中,因此丝网芯不曾干涸,热管始终稳定运行。在热流密度平稳提升至 60% q_c 的工况,即使最终的加热热流密度与 60% q_c 阶跃加热工况一致,但由于加热功率提升平缓,当丝网芯中的蒸发量提升至较高水平时,工质回流已足够满足蒸发量的需求,因此不会出现端部丝网芯干涸的现象。而在 50% q_c 阶跃加热工况中,热管端部丝网芯短暂出现了干涸现象导致温度上升,但随后由于丝网芯自身的调节能力,工质及时回流重新润湿了干涸的部分,温度过热现象消失,热管自行恢复至稳定运行状态。这表明对于加热速率导致的毛细极限,热管具有一定的调节能力,处于调节范围内状态的热管无需外加干涉即可自行恢复,而超过这一调节能力则会引发严重的毛细极限事故,需降低足够的功率才能恢复。

图 5.24 中展示了 60% q_c 阶跃热流密度工况、毛细极限发生时的温度变化曲线与平稳提升热流密度至 60% q_c 工况最终稳定的温度分布的对比。在毛细极限刚发生时,蒸发段和绝热段已经启动,温度接近 600℃;而冷凝段温度约为 50℃,还未启动。在毛细极限发生 20 s 后,T_1、T_2 呈上升趋势,而绝热段温度略有下降,表明此时蒸发段端部发生了与高热流密度下的毛细极限相似的干涸现象。在切断功率前,T_1、T_2 的温度提升了约

250℃,且该温度远高于同功率下稳定运行时的温度;此时绝热段的温度则比同功率下稳定运行时的温度低约 100℃。而毛细极限发生后的冷凝段温度与同功率稳定运行温度间的差异最为显著,在 60% q_c 阶跃热流密度工况毛细极限过程中,冷凝段始终未启动。

　　实验表明,该毛细极限属于启动过程中的不稳定现象。由于冷凝段未启动,热管无法有效载出热量,同时回流补充不足,导致热管端部过热,继续运行将会带来热管失效的风险。因此,当运行工况变化过于剧烈时,如启动过程中加热速率过快或阶跃功率热冲击,同样可能导致热管发生毛细极限现象。在热管使用过程中,应设置加热速率限值以避免丝网芯干涸及毛细极限发生。

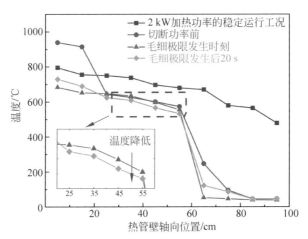

图 5.24　相同热流密度下,稳定运行和高加热速率
毛细极限下温度分布对比

5.4.3　负倾角下的毛细极限

　　在 5.4.1 节与 5.4.2 节讨论的毛细极限现象中,热管均处于水平倾角。在实际应用场景,热管由于安装的偏差或运行环境的转变可能存在一定倾角。在正倾角情形,重力沿热管轴向的分量将促进工质从冷凝段回流至蒸发段;而在负倾角情形,重力将阻碍管内工质回流。实验表明,热管的运行倾角会对毛细极限产生重要影响。

　　在热管倾角为 −10° 的工况下,蒸发段热流密度逐渐提升至 90% q_c 时,蒸发段端部出现温度骤升的毛细极限现象。图 5.25 展示了热管在

－10°倾角、90% q_c 加热功率时的 T_1 测点处温度及其随时间的变化速率。在短暂的稳定运行后，T_1 处温度在 700 s 内由 600℃迅速升至 1050℃。与水平倾角下的毛细极限实验相比，热管在负倾角下毛细极限的临界热流密度降低了约 10%。温度变化速率可分为 3 个区域。在 A 区域，毛细极限发生初期 T_1 测点升温迅速，温度变化速率超过 1℃/s。进入 B 区域后，由于热管干涸处与湿润处温差增大，轴向传热增强，T_1 测点升温变缓，温度变化速率下降。在温度变化速率降至 0.5℃/s 以下时，热管的温度提升速率趋于平缓，进入平台区域。图 5.26 是负倾角条件下热管发生毛细极限时的原理示意图。负倾角下，重力在回流方向上存在一个阻碍液体回流的分力。因此，丝网芯毛细力需要同时克服重位压降的阻力效应和多孔介质的阻力效应，毛细极限对应的临界热流密度降低，毛细极限现象提前发生。

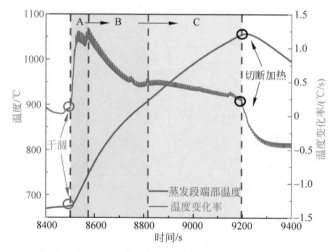

图 5.25　热管蒸发段端部（T_1）温度变化图像（－10°倾角、90% q_c 工况）

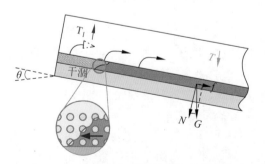

图 5.26　负倾角下毛细极限原理示意图

　　因此,当热管在水平倾角下稳定运行时改变倾角,热管可能从稳定运行状态偏移至毛细极限工况。图 5.27 是在恒定 60% q_c 的热流密度工况下,热管从 $0°$ 连续改变倾角至 $-10°$、$-20°$ 时外壁面温度随时间变化的图像。当热管倾角从 $0°$ 变为 $-10°$ 后,蒸发段温度略有提升;但此时还未出现毛细极限现象,热管仍能稳态运行。此时热管的等效热阻提升了 0.0096 K/W,提升约 5%。该现象表明,随着热管从水平状态转变至负倾角状态,由于重力阻碍工作流体回流,热管的等效热阻提升。这与 Tian 等[84] 在钾热管实验中随倾角增加,等效热阻增大的效应是相反的。其原因在于,Tian 等[84] 的钾热管实验采用了自然冷却条件,其倾角改变使得冷凝段由横管换热转变为竖壁换热,传热系数也发生改变,因此所观察到的热阻效应为内部重力效应和外部冷却效应的叠加。而本实验中使用气隙油冷条件,排除了外部冷却条件的干扰,因此所观察到的现象基本仅受重力影响,得出的规律与 Tian 等的钾热管实验[84] 存在差异。

　　当热管倾角从 $-10°$ 变为 $-20°$,发生毛细极限时,蒸发段 T_1 处热管外壁面温度迅速上升了约 $290℃$,表征内部已出现干涸。此时将热管运行倾角重新变回 $0°$ 后,热管恢复正常运行状态。该现象表明,毛细极限的临界热流密度随负倾角绝对值的增大而减小,且可通过改变倾角使毛细极限恢复稳定运行状态。

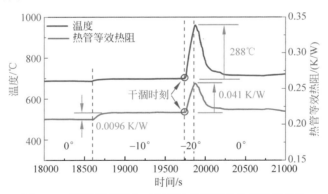

**图 5.27　蒸发段端部(T_1)温度和热管等效热阻随倾角的
变化(恒定 60% q_c 蒸发段热流密度工况)**

5.4.4　正倾角下的干涸极限

　　5.4.3 节讨论了热管在负倾角下的毛细极限现象。在负倾角时,毛细力需要克服重力沿热管长度方向的分量,并驱动液体回流;而在正倾角时,毛细力和重力均是回流的驱动力。在正倾角、高热流密度下,热管的蒸发量增长超过热管冷凝段回流量,回流工质不足将导致蒸发段端部的液膜干涸,同样会发生类似毛细极限的蒸发段端部干涸的实验现象,但由于驱动力来源包含重力的分量,因此本书将正倾角下驱动力不足导致的干涸现象定义为干涸极限。

在热管 90° 倾角工况,逐步提升热管的加热功率直至干涸极限现象发生。图 5.28 为热管在加热功率阶梯升温至 150% q_c 工况时蒸发段外壁面 4 个测点($T_1 \sim T_4$)温度随时间变化的过程曲线。此时热管运行温度为 550℃,热管蒸发段壁面温度达到 700℃。如图 5.28 所示,热管的蒸发段出现了明显的温度振荡。这是由于在高热流密度下,蒸发量在略超过回流量和平衡状态间周期性变化,蒸发段丝网芯内的液膜在干涸状态和工质回流补充状态之间周期性变换,呈现干涸振荡现象。

干涸振荡现象与间歇沸腾现象具有相似性,但产生的原理不同。间歇沸腾是由热管内液池区域不稳定的核态沸腾导致的,而干涸振荡是热管内蒸发量与回流量的适配失稳导致的。冷凝段液体回流至蒸发段端部时距离最远、压降最大,当回流驱动力略小于完全回流所需动力时,蒸发段端部会出现短暂的干涸,此时其他位置的工质开始向端部的干涸位点回流补充。工质回流后端部的传热改善,端部管壁温度下降;而液态工质吸热气化消耗,端部再次干涸,因此出现周期性干涸振荡现象。

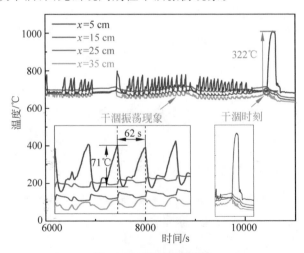

图 5.28　干涸振荡现象

对比来看,间歇沸腾发生于热管加热过程的某一热流密度范围中,对应的热流密度为 10% $q_c \sim$ 30% q_c,当热流密度低于或高于该区间时热管均处于稳定运行状态。而 90°倾角下干涸振荡发生于 130% q_c～150% q_c 附近,超出该区间后,热管很快达到毛细极限状态。发生振荡时,随着功率升高,间歇沸腾测点的平均温度也在不断升高,T_1 测点温度范围为 580～780℃,而干涸振荡测点的平均温度未有明显变化。图 5.29 展示了两种振荡现象振幅和周期随功率的变化关系。如图 5.29(a)所示,间歇沸腾的振荡幅度随功率升高而升高,而干涸振荡测点的振荡幅度随功率升高而降低。这是由于干涸振荡发生时,蒸发段端部处于从核态沸腾至完全干涸的过渡区。随着加热功率的提升,热管的热流密度增大,热管的状态更加接近毛细极限临界状态,引起温度振荡的周期性回流工质减少,因此温度振荡幅度降低。图 5.29(b)展示了两种振荡现象的周期随功率变化的关系。两种振荡现象的周期均随功率的提升而降低,因此热流密度增大时,两种振荡的循环过程均会加快。由此可知,在热管发生温度振荡现象时,可依照热流密度区间、温度振荡幅度随功率的变化来判断该振荡类型,从而采取不同的安全措施。另外,从温度振荡波形上也可对两种温度振荡现象进行区分,如图 5.30所示。相比于间歇沸腾,干涸振荡的波形周期更长,且随机性更强。干涸振荡在 T_1、T_2、T_3 测点的振荡相位与间歇沸腾相似,即 T_2、T_3 波形同相位,但与 T_1 相位不同。间歇沸腾的 T_4 测点仍与 T_2、T_3 同相位,而干涸振荡的 T_4 相位不同。这表明干涸振荡具有更剧烈的流动不稳定性。

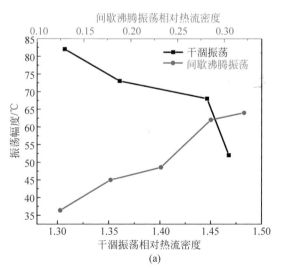

图 5.29　干涸振荡和间歇沸腾振荡参数随功率和运行温度的变化

(a) 蒸发段端部(T_1)振荡振幅;(b) 蒸发段端部(T_1)振荡周期

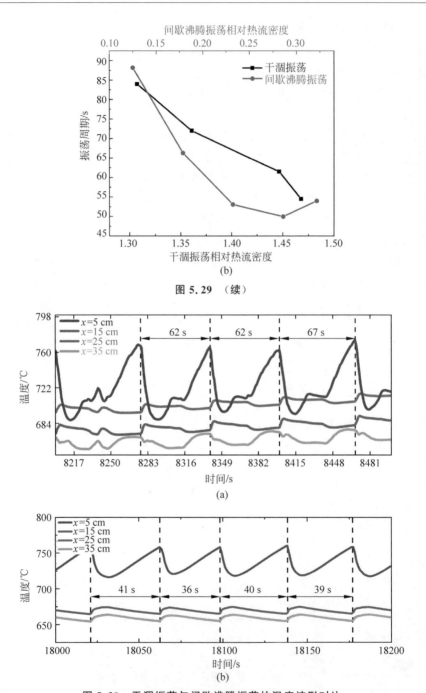

图 5.29　（续）

图 5.30　干涸振荡与间歇沸腾振荡的温度波形对比

（a）干涸振荡；（b）间歇沸腾振荡

图 5.31 为干涸振荡过程的示意图。蒸发段的干涸振荡可划分为以下过程：

A-B 过程：蒸发段端部丝网芯(区域 1)出现干涸，传热恶化。T_1 处的温度上升。

B-C 过程：液膜回退导致毛细力增强，同时温度抬升将导致区域 1 内工质的黏性下降，因此区域 2 和区域 3 的部分液体补流至区域 1，使得区域 1 内丝网芯重新润湿且传热改善，区域 1 的温度下降。而区域 2 和区域 3 内丝网芯液膜变薄，传热热阻增加，温度略微升高。

C-D 过程：由于区域 2 和区域 3 内的丝网液膜回退，毛细力略微增强，导致蒸发段下游(如区域 4)的液体回流增强，传热改善，温度开始下降。

D-A：蒸发段端部丝网芯(区域 1)内的工质再次蒸发并干涸，温度短暂抬升，并进入下一个振荡周期。

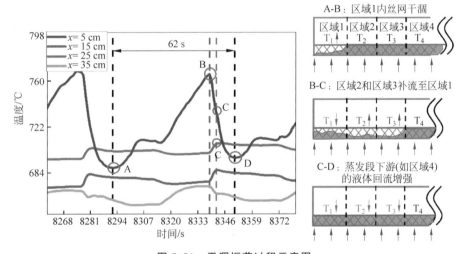

图 5.31　干涸振荡过程示意图

干涸振荡幅度随加热功率的少量增加而降低，并最终消失。随后，热管在短暂平稳运行后发生干涸极限现象。图 5.32 为干涸极限发生时热管 T_1 测点与 T_4 测点温度随时间变化图像。在实验运行至约 10000 s 时，蒸发段端部(T_1 测点位置)处温度突然失稳，并以 2.6℃/s 的升温速率迅速由 690℃ 升至 1010℃，出现干涸极限现象。此时，蒸发段 T_1 处温度明显上升，升高约 320℃，而其余测点温度呈现下降趋势，如 T_4 处测点温度下降了 34℃，绝热段温度下降了 9℃。在干涸极限发生后，由于温度上升超过 1000℃，触发了实验安全保护信号,此时应降低或切断加热功率。

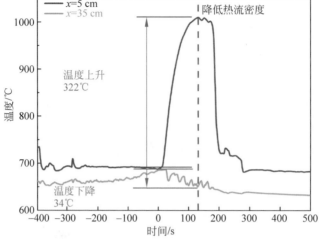

图 5.32　干涸振荡失稳,干涸极限现象发生

　　在本次实验中,为观察干涸极限的恢复特性,逐渐降低加热功率直至热管恢复平稳运行。图 5.33 展示了热管蒸发段端部 T_1 测点位置在升功率发生干涸极限及降功率热管恢复运行过程中,温度随加热功率的变化曲线。以干涸极限发生功率为参考值,在发生干涸极限之前,T_1 温度随加热功率的增加稳步增加,运行平稳。在热管达到干涸极限后,温度骤升,此时降低蒸发段热流密度至低于干涸极限的 85%,热管仍未恢复运行,T_1 处温度仍在增加。而当降低蒸发段热流密度至干涸极限的 70% 时,T_1 处温度开始降低并最终恢复稳定。该现象表明,热管在达到干涸极限的临界热流密度后,少量降低热流密度可能无法阻止热管运行状态的偏离,需要显著下调功率才能使得热管重新恢复至平稳运行。这是由于干涸极限状态下热管已处于端部持续升温、丝网芯干涸的状态,此时小幅度下调热流密度无法及时对端部的高温产生有效遏制。同时,功率不必降为 0 也可以使热管脱离干涸状态。该功率迟滞现象与 Baraya 等[148] 报道的水热管毛细极限实验中的热管恢复过程类似。

　　因此,正倾角条件下干涸极限发生前的重要标志是干涸振荡,如果能及时降低热流密度,热管可恢复正常运行;而如果维持热流密度不加以干涉,热管将由于温度上升最终导致不可逆的损坏。

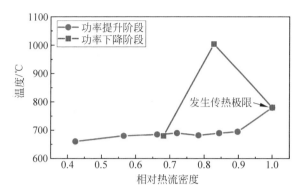

图 5.33　干涸极限发生至恢复过程的温度随功率变化图像
（热流密度以干涸极限发生功率为参考值）

5.4.5　四类毛细极限现象的比较分析

5.4.5.1　毛细极限的产生条件

针对以上四种工况的毛细极限[①]实验进行汇总,得到实验中不同倾角、不同热流密度下的热管状态散点图,如图 5.34 所示。图中红色标记为出现毛细极限的工况点,蓝色标记为出现干涸振荡的工况点,黑色标记为热管稳态运行点。可以看到,毛细极限发生的临界热流密度与倾角正相关,负倾角工况下其毛细极限热流密度明显低于正倾角。而在正倾角范围内,热管随热流密度的增加逐渐由稳态过渡到干涸振荡状态,最终到达毛细极限。因此,热管的热流密度或倾角均可作为调节变量用以保护热管。在稳态工况下,需要保持热管工作在稳态区;当热管进入干涸振荡区时需要保持关注,根据需要决定是否进行干预;当热管进入毛细极限区时需要立即干预,通过降低热流密度、增大倾角等方式防止毛细极限程度加剧,以免造成不可挽回的后果。

5.4.5.2　毛细极限的作用原理

这四种工况下的毛细极限,其本质为丝网芯内部液相工况回流的压降关系失衡所致。图 5.35 为热管液相回流的压降平衡关系示意图。如图所

---

① 为叙述方便,本书将干涸极限也归为毛细极限的一种类型。

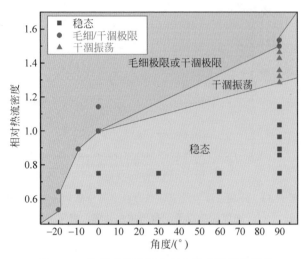

图 5.34　热管毛细极限工况与稳定运行边界[①]

示,在热管正常运行时,回流的液相压降、气相压降与重位压降之和与毛细压差相等,冷凝段与蒸发段之间的毛细压差能够克服总压力损失,表现为绿色曲线与橙色曲线重合,此时满足:

$$\Delta P_c = (P_{c,eva} - P_{c,con}) \geqslant \Delta P_v + \Delta P_l + \Delta P_g \tag{5-9}$$

式中,ΔP_c 是蒸发段($P_{c,eva}$)与冷凝段($P_{c,con}$)之间的毛细压差;ΔP_v 是蒸气流动的摩擦压降;ΔP_l 是液体流动的摩擦压降;ΔP_g 是蒸气与液体的重位压降。

　　当加热速率过高或加热功率进一步增加时,回流的阻力压降超过最大毛细压差,将导致蒸发段端部丝网芯干涸,表现为温度(蓝色曲线)的突然上升。由于蒸发段端部的丝网芯逐步干涸,液相回流的流道逐渐变短,因此液相压降逐渐下降,绿色曲线逐渐下降。此时虽然毛细压差大于阻力压降,不断有液相工质从冷凝段流回至蒸发段试图补充干涸的丝网芯,但由于加热条件不变,回流的液相工质在靠近干涸段时已被迅速蒸发离开丝网芯,因此端部丝网芯仍保持干涸状态。当引入人为降功率干预后,加热条件改变,液相工质回流填充干涸的丝网芯,表现为温度(蓝色曲线)的下降和阻力压降(绿色曲线)的上升。高加热功率、高加热速率、正负倾

[①]　图中相对热流密度以水平倾角热管毛细极限发生热流密度为参考值。

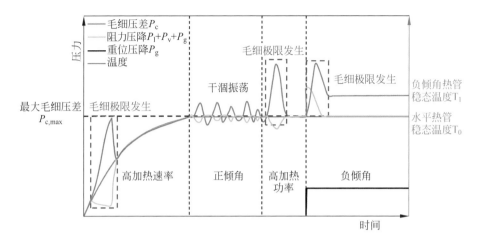

图 5.35　热管液相回流的压降平衡关系示意图

角四种工况下的毛细极限均适用于该物理过程。该四种工况的差别在于
引发回流阻力压降超过毛细压差的原因不同。启动过程中，高加热速率
下的毛细极限是由于毛细压差在上升过程中变化速率有极限；高加热功
率下的毛细极限是由于毛细压差的值有极限；而正负倾角则是由于重位
压降引入后阻力压降和的骤降与骤升所致。因此，及时关注并调整丝网
芯内部液相工况回流的压降平衡关系，即可避免各类毛细极限事故的发
生。毛细极限现象在壁面温度上均表现为蒸发段端部出现干涸并伴随温
度骤升。这是由于蒸发段端部离冷凝段最远，补充的回流沿途消耗，不易
到达蒸发段端部。因此蒸发段底部可以作为热管毛细极限保护信号的温
度测点。

5.4.5.3　毛细极限的温度响应特征

四种工况下毛细极限的温度响应均表现为蒸发段端部的温度骤升和热
管其余位置的温度下降。图 5.36 展示了四种工况下的 T_1 测点温度及变
化率随时间的变化图像。如图所示，随着 T_1 测点温度的上升，从毛细极限
发生至降低功率前，其温度变化速率均表现为先升高后降低，水平热管的最
高升温速率为 3～5℃/s；90°热管的最高升温速率达到 6℃/s；−10°热管最
低，仅为 1.25℃/s。在毛细极限发生初期，蒸发段端部的温度上升速率快，
经一段时间后，其温度上升速率逐渐回落至较低水平，表现为 T_1 测点温度

趋于平缓。这是由于 T_1 测点温度上升后,与热管其他位置的温差增大,轴向传热加强,因此 T_1 测点温度的上升速率下降。该现象表明,在毛细极限发生后,热管的温度响应为端部温度先迅速升高后趋于平稳。虽然热管端部的温度仍保持在一个较高的温度水平,但由于最终温度趋于平稳,因此如果选择熔点高于稳定温度的热管结构材料,可在一定程度上减轻毛细极限事故的后果。

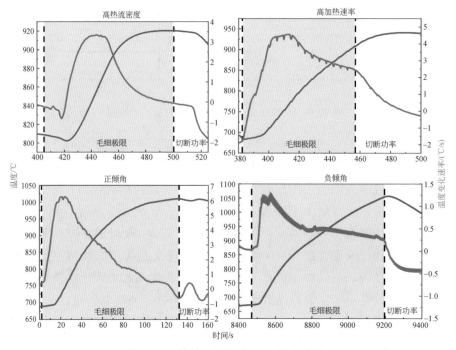

图 5.36　热管毛细极限 T_1 处温度响应

图 5.37 为四种工况下的 T_4 测点温度及变化率随时间变化的图像。四种工况下,T_4 测点温度在毛细极限发生初期均下降,其中高加热速率和负倾角工况由于轴向传热增强,测点在一段时间后出现了温度回升,而其温度变化速率在对应区间内表现为先下降后升高。这表明在毛细极限初期,热管其他位置也可观察到较为明显的温度响应,因此可通过对热管绝热段或冷凝段进行温度监测来判断毛细极限是否发生,从而及时采取措施减轻事故后果。

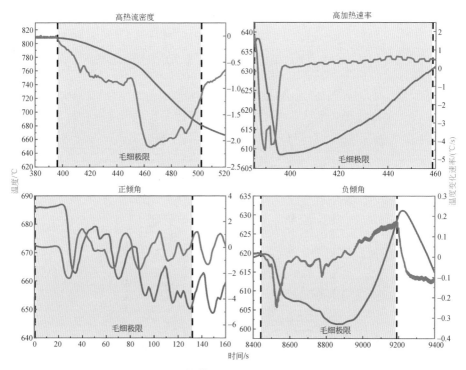

图 5.37　热管毛细极限 T_4 处温度响应

5.5　钠热管输热实验模型验证

　　前述章节已通过实验手段研究了丝网芯钠热管在冷态启动、稳态输热和毛细极限等工况的运行特性,并建立了相应演变过程的物理图像。本节利用本章钠热管实验测量结果进一步验证第 4 章的碱金属热管输热模型。

5.5.1　启动输热实验的模型验证

　　采用本章中的 0°倾角、空气自然冷却热管实验测量数据验证模型。如图 5.38 所示,该实验包含了热管冷态启动、连续变功率瞬态和降功率三个阶段下的测量数据,因此该实验数据可对模型的稳态、瞬态模拟功能进行验证。

　　采用热管输热模型模拟热管升功率阶段(启动和连续变功率过程)的热管稳态温度分布,输入功率范围覆盖 50~1390 W。模拟采用表 5.1 中给出的热管几何参数。图 5.39 展示了模型稳态模拟与实验测量的热管轴向壁面温度分布之间的对比。模型模拟的蒸发段和绝热段温度分布与实验测量值之间的绝对误差小于 20℃,平均误差小于 10℃;在冷凝段与实验值间的绝对误差基本在 30℃ 以内,平均误差小于 15℃,但在 190 W 和 1390 W 这两个工况最大绝对误差接近 60℃。这是因为实验中冷凝段端部(对应轴向位置约 95 cm 处)夹持有调节倾角的曲柄,该结构造成冷凝段空气自然冷却不均匀。该结构的影响在模型计算中难以考虑,因此虽误差稍大但仍在合理范围。

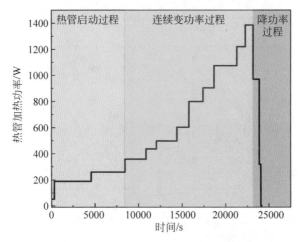

图 5.38　0°倾角、空气自然冷却热管实验过程

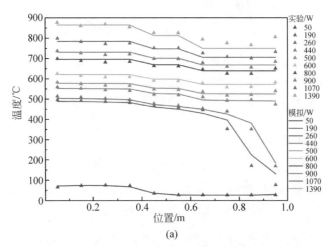

(a)

图 5.39　在不同输入功率条件下,热管稳态模拟数据和实验测量数据的对比

(a) 热管稳态轴向温度分布对比;(b) 模型与测量值的绝对误差

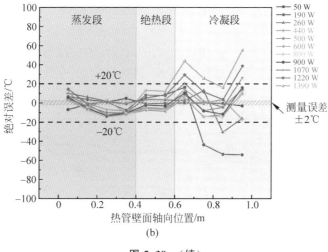

图 5.39　（续）

图 5.40 展示了热管冷态启动、连续变功率瞬态和降功率三个阶段连续
过程的模拟结果。模型模拟的热管蒸发段平均温度、绝热段平均温度、冷凝
段平均温度和保温棉外表面温度均与实验测量结果一致。将这三个阶段按
时间段拆分后分别比较，图 5.41 展示了热管启动过程中模拟值与实验值的
对比。在约 9300 s 时输入功率达到 360 W，热管完全启动。模型模拟的热
管完全启动时间与实验测量结果基本一致。在启动过程中的 2000~4000 s，
模型预测的蒸发段平均温度和绝热段平均温度误差在 20℃ 以内，但冷凝段

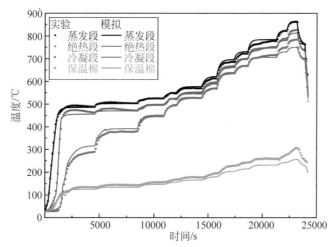

图 5.40　热管运行全过程的模拟结果与实验数据随时间变化分布

温度相比实验测量温度高约 40℃;在 5000～8000 s,模型预测的蒸发段平均温度和绝热段平均温度误差在 10℃ 以内,但冷凝段温度比实验值高约 20℃。模型预测的冷凝段温度偏差稍大的原因与前述稳态模拟偏差原因一致,均是由实验中局部冷凝边界不均匀导致的,该影响在热管启动过程中更为显著。但热管模型整体上能较好地模拟热管启动过程。

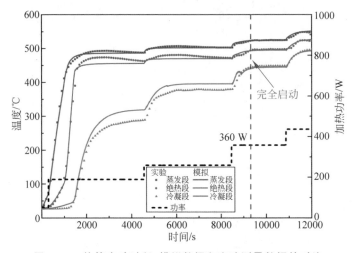

图 5.41　热管启动过程,模拟数据和实验测量数据的对比

图 5.42 展示了在热管完全启动后的连续变功率过程中,模型模拟的蒸发段、绝热段、冷凝段平均温度和实验值的对比。当加热功率从 500 W 提升至 1070 W,热管的运行温度从 520℃ 逐渐提升至 720℃。模型模拟的热管运行状态变化趋势与实验一致,模拟的温度结果和实验结果之间的绝对误差小于 20℃。

在降功率阶段,模型模拟的结果与实验结果对比如图 5.43 所示,模型误差基本在 30℃ 以内。在 22000～23000 s,加热功率提升至 1390 W,模型模拟的蒸发段平均温度与实验测量结果误差在 10℃ 以内,绝热段温度比实验结果低约 20℃,冷凝段温度比实验结果低约 50℃。在约 23100 s 时,实验由 1390 W 降功率,顺次降至 970 W、320 W,该过程中的模型模拟温度变化趋势与实验测量趋势一致。

总体上看,丝网芯钠热管输热模型能模拟出钠热管在空气自然冷却条件下各类变工况过程中壁面温度的变化,误差基本在 20℃ 以内,局部测点由于实验条件的复杂性误差稍大,但仍在 50℃ 的偏差范围内。

除空气自然冷却循环条件实验,本章还测量了热管在强迫循环冷却条

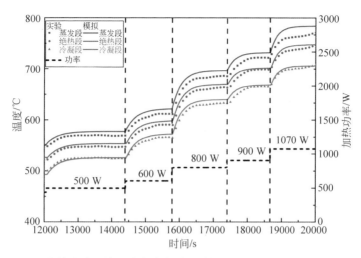

图 5.42　热管启动后的连续变功率过程,模拟数据和实验测量数据的对比

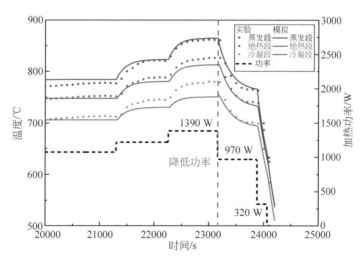

图 5.43　热管降功率过程,模拟数据和实验测量数据的对比

件下的输热实验数据。采用 0°倾角工况,将热管在毛细极限发生前的稳定运行工况实验测量数据与模型模拟结果进行对比。强迫循环冷却条件下,热管稳态模拟数据和实验测量数据的对比如图 5.44 所示,实验工况覆盖 1600~2500 W,热管运行温度在 550~850℃。

　　模型模拟结果相对实验测量结果误差基本在 20℃ 以内,其中在蒸发段端部(热管壁轴向位置约 5 cm 处)的偏差最大,可达 30℃,该误差可能是由

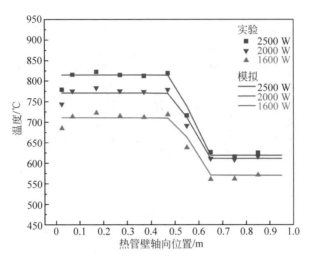

图 5.44　强迫循环冷却条件下,热管稳态模拟数据和
实验测量数据的对比

于蒸发段处缠绕的加热丝不均匀导致的。虽然模型本身可以考虑不均匀加
热的边界条件,但加热丝缠绕导致的不均匀性无法定量描述,因此模型虽偏
差稍大但仍在合理的范围。

　　结合空气自然循环冷却条件和强迫循环冷却条件的实验与模型对比
知,热管模型具备模拟不同冷端换热条件的能力,且绝对误差基本在 20℃
以内。

5.5.2　毛细极限实验的模型验证

　　利用模型模拟本章不同倾角下热管毛细极限(含 90°倾角下的驱动力
极限)发生的临界热流密度,模拟采用表 5.1 中给出的热管几何参数。模型
预测值与实验测量值的对比如图 5.45 所示,在 −10°、0°、90°倾角工况,模型
预测的极限发生时的临界密度与实验测量值的相对误差在 6% 以内,其中
0°情形误差最小,而在 90°和 −10°情形误差稍大;在 −20°情形,模型预测的
临界热流密度远高于实验测量值,相对误差达到了 60%。

　　在 0°倾角时,热管工质基本不受重力的影响,液膜在丝网芯内流动,流
道固定。但在负倾角情形,由于工质聚集在冷凝段底部,丝网芯内的液相流
通面积减少,回流阻力显著增加;而在正倾角情形,液相回流面积可能稍大
于丝网芯流道截面积,因此回流阻力降低。由于模型未考虑流道流通面积
的变化,在正倾角情形,预测的回流阻力相对于实际偏大;而负倾角情形则

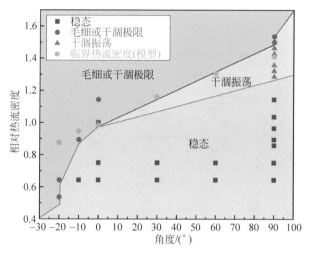

图 5.45　毛细极限临界热流密度模拟与实验对比

相反。因此,正倾角下的毛细极限临界热流密度预测值偏小,而负倾角下的毛细极限临界热流密度预测值偏大。

利用本书模型模拟 0°倾角情形下,热管加载毛细极限临界热流密度的瞬态演变过程,其与实验结果的对比如图 5.46 所示。热管发生毛细极限后,其干涸处的壁面温度迅速上升,但其温度上升速率出现先增大后减小的趋势。自毛细极限发生时刻起,模型与实验的温度上升速率均在 30 s 内从 0 上升至 3℃/s。随后其温升速率开始回落,此时热管轴向导热增强,干涸处壁面温度上升减缓,最终温度趋于稳定。在温升速率上升阶段,模拟的温升速率变化与实验现象吻合较好;在温升速率下降阶段,实验的温升速率下降更为迅速,模拟的响应慢于实验。整体来看,在临界热流密度情形,热管干涸处壁面平均温升速率为 1.7℃/s,接近实验的平均温升速率 1.5℃/s。

除了可体现蒸发段的干涸现象,本书模型在热管倾角为 90°情形时,还可体现出干涸极限发生前的干涸振荡过程,如图 5.47 所示。由于重力作用,在热管接近毛细极限临界热流密度时,热管蒸发段端部趋于干涸,该处温度上升,但由于其他位置的丝网芯在重力作用下朝干涸位置补流工质,该过程循环往复,导致蒸发段端部处于时而润湿时而干涸的状态,从而引发了干涸振荡。本书模型模拟的振荡波形、端部干涸位置和回流补充位置相位相反现象与实验结果基本一致,但本书模型模拟的干涸振荡幅度和周期显著小于实验结果,且实验的波形比模拟波形更加杂乱无序。该差异可能是

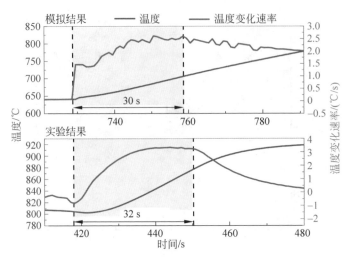

图 5.46　0°倾角下热管毛细极限的模拟结果与实验结果对比

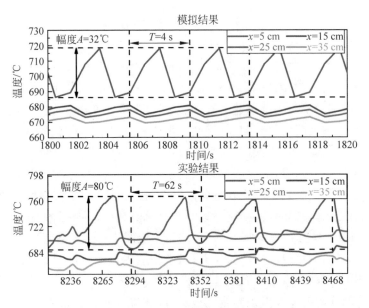

图 5.47　90°倾角下的干涸振荡现象

由于干涸振荡过程受丝网结构、蒸发、毛细力与重力耦合作用等过程的影响,真实情况下的流动不稳定性过程更加强烈,机制更为复杂。由于本书丝网模型不能完全体现该物理过程,模拟结果与实验测量值存在一定差异,模型模拟仅能给出该物理过程现象性的结果。

5.6　钠热管毛细极限的模型分析

丝网芯钠热管的毛细极限受多方面因素的影响,可分为外部因素和内部因素两类。外部因素包括运行倾角、热流密度,内部因素包括热管丝网芯结构参数等。

本节利用模型分析各因素对丝网芯钠热管毛细极限过程的影响。

5.6.1　运行倾角对毛细极限的影响

倾角主要影响毛细极限的临界热流密度以及是否出现干涸振荡现象。模型计算出不同倾角下临界热流密度的相对值如图 5.48 所示。若仅考虑热管的重位压降对毛细极限的影响,热管发生毛细极限的临界热流密度与倾角线性正相关,其临界热流密度随倾角的增大而提升,并在倾角为 90° 时达到最大值。但在实际应用中,由于倾角的改变,其液相工质的回流通道截面积也将发生改变。在正倾角时,回流通道增大,回流阻力减小,临界热流密度上移;负倾角时,回流通道减小,回流阻力增大,临界热流密度下移。因此实际过程中临界热流密度与倾角并不构成线性关系,其斜率将大于计算值。

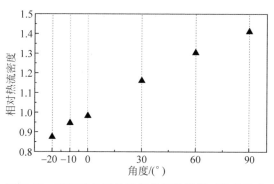

图 5.48　不同倾角下的毛细极限临界相对热流密度

同时,实验与模拟均指出,正倾角下热管在临近毛细极限时将发生干涸振荡现象,但水平热管与负倾角热管则不出现该现象。该现象的物理机制阐释如图 5.49 所示。毛细极限发生后,热管端部的丝网芯率先干涸,此时干涸处丝网芯已丧失毛细力驱动作用,毛细力为 0;而相邻丝网芯仍然湿润,该处丝网的毛细力仍为最大毛细力。因此,在蒸发段丝网芯的干湿交界处,毛细压差反向,其效果转变为阻止湿润处的工质回流至干涸处。因此在水平倾角和负倾角条件下,蒸发段丝网芯的干湿交界处仅有阻力而无驱动力,丝网芯一旦干涸,将始终保持干涸状态,无法恢复湿润。但在正倾角条件下,存在重力作为驱动力。当重力沿热管的分量超过干涸湿润分界处的最大毛细压力差,即可驱动湿润处的工质回流,使丝网芯重新湿润。在持续加热过程中,重新湿润后的丝网芯又因热流密度过大而干涸,使该处的丝网芯在干涸状态和湿润状态周期性切换,表现为该处测点的温度周期性振荡。图 5.49(a)展示了干涸振荡的波形,图 5.49(b)展示了干涸振荡过程对应的

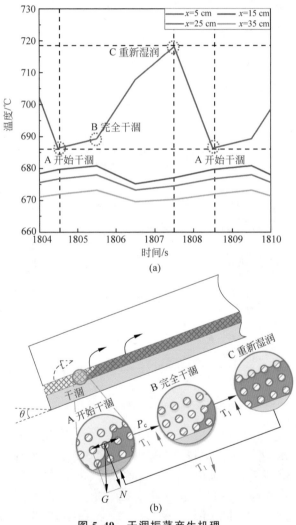

(a)

(b)

图 5.49　干涸振荡产生机理

(a) 干涸振荡波形；(b) 干涸振荡机理

内部状态切换过程。如图所示,正倾角热管在临近毛细极限时会在 3 种状态下周期性切换。A 状态下,由于热流密度过大,蒸发段端部丝网芯的蒸发质量通量超过了补充回流量,丝网芯开始干涸,此时温度上升速率较低。随着蒸发过程的持续,丝网芯端部很快完全干涸,热管进入 B 状态,温度上升速率明显增加。丝网芯端部完全干涸后,热管的回流压降减小,并回落至最大毛细压强以下,干涸的丝网芯重新具备回流的条件。此时在重力的作用下,回流的工质克服端部处反向毛细压差的阻挡,重新湿润端部丝网芯,热管进入 C 状态。随后热管端部温度下降,直至蒸发量再次过高,进入下个循环过程。

5.6.2　热流密度对毛细极限的影响

　　热管被加载的热流密度不仅影响毛细极限的产生,还影响毛细极限发生过程的温度上升速率以及毛细极限的恢复过程。图 5.50 为热流密度高于毛细极限临界热流密度工况下热管壁面温度变化图像。随着热流密度的增加,毛细极限发生时的温度上升速率明显增加,对比热流密度 1.2×10^5 W/m^2 和 1.4×10^5 W/m^2 的工况,热流密度增加 17%,温升速率由 0.54℃/s 增加至 5.24℃/s。图 5.51 为 1.2×10^5 W/m^2、1.3×10^5 W/m^2 和 1.4×10^5 W/m^2 热流密度工况下热管端部干涸位置处温度上升过程对比。热流密度增加后,热管干涸处的温度上升速率变化可分为上升期和下降期,最终温度趋于稳定。其温升速率的上升期随热流密度的增加而逐渐缩短,从 1.2×10^5 W/m^2 工况下的 30 s 缩短至 1.4×10^5 W/m^2 工况时的 6 s。这是由于随着热流密

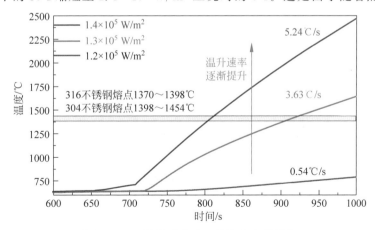

图 5.50　不同热流密度下的温度上升图像

度的增加,蒸发段端部干涸位置迅速升温的速率增加,导致管壁轴向导热增加的时刻提前,因此温升速率的上升期缩短。以 1.2×10^5 W/m^2 热流密度工况为例,端部干涸位置温度变化如图 5.52 所示。T_1 位置干涸时,蒸发段端部 0.025 m 处温度已有明显上升现象,随后 T_1 位置的温度也随之上升。说明热流密度超过了临界热流密度时,热管干涸长度呈扩大的趋势,使得热管的壁面温度沿轴向位置近远依次上升。蒸发段温度显著增加,在干涸后约 40 s,蒸发段端部温度达到 950℃。

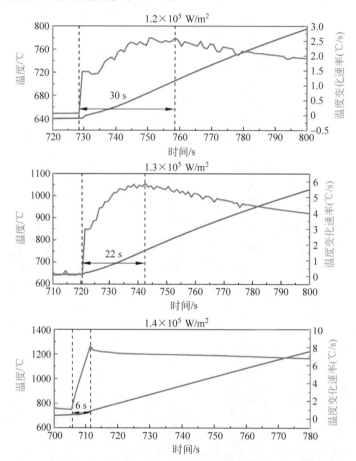

图 5.51　0°倾角下热管不同加热功率蒸发段端部干涸处升温过程

热管发生毛细极限后,干涸位置的温度上升会对热管的结构造成损害,需及时降低热流密度使其恢复正常工作状态。图 5.53 为热管发生毛细极限后的丝网芯和毛细力示意图。由于毛细力来自于丝网芯与液膜交界面的

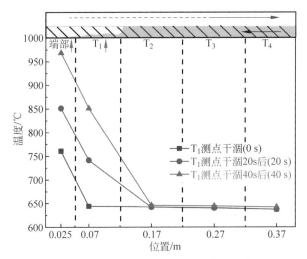

图 5.52 0°倾角、热流密度为 1.2×10^5 W/m² 时蒸发段端部干涸处温度变化

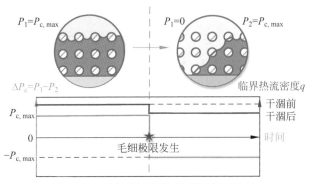

图 5.53 毛细极限迟滞效应原理示意图

表面张力,在毛细极限发生前,蒸发段端部的丝网芯毛细力为最大值,丝网芯的驱动力为最大毛细压差。一旦端部的丝网芯干涸,丝网芯干涸处的毛细力为 0,而相邻湿润处的毛细力仍为最大毛细力,因此在干湿交界面处,毛细力作用从驱动力效果转变为阻力效果。该处丝网芯不再具备抽吸其余位置的液相工质回流补充的能力,且毛细压差的阻力作用导致临界热流密度进一步降低。因此如果仅将热流密度降至未发生毛细极限时的临界热流密度,只能满足其余位置的正常运行,无法使干涸处重新湿润。需继续降低热流密度至新状态的临界热流密度以下,其余位置的丝网芯才有多余的毛细力能够将工质运送回干涸处以补充蒸发所需,使热管脱离毛细极限状态。

本研究将该效应称为"毛细极限迟滞效应"。受该效应的影响,热管在毛细极限发生后回归正常工作状态的难度增加。

5.6.3　丝网芯结构对毛细极限的影响

热管的丝网芯提供了液相工质回流的通道和毛细驱动力。图5.54为丝网芯流道的横截面示意图。如图所示,丝网芯由多层丝网搭建而成,工质从相邻两层丝网的间距中回流。而丝网层与层间的不同工艺形式(如扩散焊、卷制堆叠丝网等工艺)会造成丝网层与层间距的差异,从而影响工质的回流,表现为丝网芯渗透率的差异。如图5.55所示,对于相同结构参数的丝网(以30 μm间距多层400目丝网为例),采用不同的管内固定工艺,若丝网芯内丝网间距在0~80 μm变化,则其渗透率在$2 \times 10^{-11} \sim 4.5 \times 10^{-10}$ m^{-2}变化。渗透率的变化将显著影响热管液相工质的回流阻力,从而影响毛细极限的发生。模型可对不同丝网间距的丝网芯结构热管进行模拟,从而计算不同渗透率下的毛细极限。丝网间距越小渗透率越小,其流动黏性阻力较大,毛细极限的临界热流密度较小。

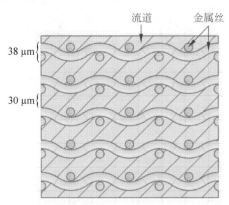

图 5.54　丝网芯流道横截面

以0°倾角为例,400目丝网间距为15 μm时,临界热流密度仅为丝网间距75 μm情形的10%。因此控制工艺保证丝网间距并提升渗透率,将有利于毛细极限提升。

除工艺外,丝网本身的结构参数也会影响毛细极限的发生。在丝网间距相同的情况下,丝网目数不同,其渗透率和所能提供的最大毛细压强均不同,这将显著影响毛细极限的临界热流密度。丝网目数越小,其渗透率越高,工质回流的阻力较低,但其能提供的最大毛细压强也较低。因此丝网目

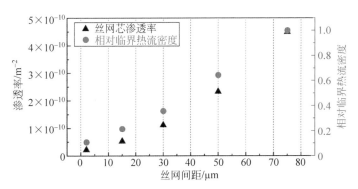

图 5.55　渗透率及毛细极限相对临界热流密度随丝网间距变化分布（400 目）

数对毛细极限的影响需综合考虑毛细动力和流动阻力两方面的影响。

图 5.56 展示了不同目数下丝网芯的渗透率、丝网芯能提供的最大毛细压强和热管的相对临界热流密度。如图所示，随着丝网目数的增大，丝网芯的渗透率明显下降，丝网目数提高至 4 倍后渗透率下降了 40%。但在丝网目数较高的区域，渗透率随丝网目数变化的敏感度降低。而丝网芯能够提供的最大毛细压强与丝网目数呈线性正相关。如图 5.56 所示，相对临界热流密度随丝网目数的增加而增加，且在丝网目数较低的区域变化率较小，在丝网目数高的区域变化率增大。这表明在改变丝网目数的过程中，最大毛细压强的作用占主导地位，相对临界热流密度受最大毛细压强的影响更大，而对渗透率的变化敏感性较低。但在丝网目数较低的区域，渗透率的影响略有增强，使得相对临界热流密度的变化率减小。

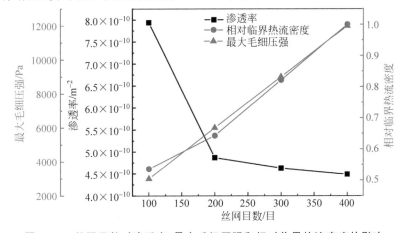

图 5.56　丝网目数对渗透率、最大毛细压强和相对临界热流密度的影响

5.7　本　章　小　结

本章进行了钠热管的实验研究,分析了热管的启动、稳态和毛细极限过程的运行特性,阐释了热管的运行边界。实验研究表明:

(1) 启动输热实验表明,启动临界功率随倾角不同在 $400\sim790$ W 变化,且在 $15°$ 倾角存在拐点。相对水平倾角运行状态,负倾角运行的热管等效热阻和轴向温差将显著增加。而正倾角下,热管在启动过程中存在间歇沸腾导致的温度振荡现象。该振荡现象存在明显的起始温度($580℃$)和截止温度($780℃$)。振荡周期和幅度受热流密度和倾角的影响,振荡周期的变化范围为 $35\sim90$ s,振荡幅度的变化范围为 $40\sim60℃$。

(2) 针对高热流密度、高加热速率、负倾角、正倾角四种工况下的毛细极限现象进行了研究。实验表明,毛细极限现象的特征表现为蒸发段端部温度的迅速上升($2\sim10℃/s$)和其余位置温度的略微下降。高热流密度是毛细极限发生的重要诱因,但对于启动过程中的热管,在热流密度较低但加热速率过高时,仍可能出现毛细极限。对于非水平热管,受倾角改变后的重力影响,其毛细极限临界热流密度会随倾角改变,且在正倾角条件下,热管会在毛细极限前出现温度振荡现象。毛细极限发生后,需下降功率至临界功率的 70%,才能使热管恢复正常工作状态。

(3) 利用实验数据进一步验证了第 4 章建立的碱金属热管输热模型。对于钠热管冷态启动、升降功率等瞬态工况以及不同换热边界的稳态工况,模型预测值和实验值误差基本在 $20℃$ 范围以内。在 $-10°$、$0°$、$90°$ 倾角工况,模型预测的毛细极限发生时的临界热流密度与实验测量值的相对误差在 6% 以内,同时模型还可体现干涸振荡等特殊现象的物理过程。

(4) 利用模型分析了运行倾角、热流密度和丝网结构参数对丝网芯钠热管毛细极限的影响。研究表明,运行倾角主要通过改变重力沿热管轴向的分量影响热管毛细极限的临界热流密度。毛细极限的干涸长度和温升速率均受热流密度的影响,热流密度增加 17%,其温升速率可增加 10 倍。此外,丝网结构参数对毛细极限影响显著,当 400 目丝网间距从 80 μm 降低至 15 μm,毛细极限临界热流密度减小至 10%;随丝网目数增加,丝网最大毛细力也增强,毛细极限提升。

本章实验与模型研究阐释了丝网芯钠热管输热机制,总结了热管的稳定运行边界以及如何避免和应对热管运行过程中毛细极限和温度振荡的发生,这为进一步分析热管反应堆输热特性奠定了基础。

第6章 热管堆系统输热特性研究

6.1 本 章 引 论

在第 4 章、第 5 章,通过热管输热实验与模型研究,已表明钠热管由于热流密度、工作倾角及冷却条件变化可能发生温度振荡或者传热极限等失稳现象。而热管偏离稳定运行将对热管堆整体的运行特性产生重要的影响。

为探究热管的运行状态对反应堆系统特性的影响,揭示热管堆在热管启动及失稳等特殊状态下的输热特性,本章将建立热管堆核-热-力-电系统耦合分析方法,应用该系统分析方法研究热管启动、温度振荡、毛细极限等特殊现象下热管堆系统启堆与运行过程中堆芯及系统响应特性,并分析热管堆动态响应与自稳调节等固有安全机制,为热管堆的安全设计提供理论支撑。

6.2 热管堆系统输热分析方法

热管堆具有固态属性,堆芯内采用固-固刚性连接结构,在高温稳态、瞬态、非对称工况下,堆芯结构会发生复杂的形变。该形变主要受温度场梯度的影响,而堆芯的热应变也会影响到传热和中子物理输运,呈现中子物理、传热、力学高度耦合的特征。同时,热管作为传热元件连接堆芯与二回路热电转换,二回路对热管冷端换热边界的影响也将传递至堆芯。因此,在热管非稳定运行等复杂工况下,固态堆的计算分析需要考虑堆芯中子物理(核)、堆芯导热与热管输热(热)、堆芯应力与应变(力)、二回路热电转换(电)的耦合效应。

图 6.1 展示了热管堆核-热-力-电系统耦合分析方法的整体架构,主要包括热管输热模型、堆芯中子动力学模型、中子输运模型、堆芯热-力分区域多通道模型、布雷顿热电转换模型。堆芯中子动力学模型计算堆芯总功率,

同时由中子输运模型确定堆芯功率分布。堆芯功率作为体积热源加载到堆芯多通道热力模型中,而二回路布雷顿热电转换系统与热管冷凝段换热边界耦合。堆芯多通道热力耦合模型计算并确定热管、燃料、基体等元件的温场与力场等信息,并反馈至堆芯功率模型确定堆芯反应性。

　　分离的模型耦合并最终形成热管冷却固态反应堆系统分析方法。其中,热管输热模型在前述章节已经建立。本节还将建立其他物理场的模型,以下进行逐一介绍。

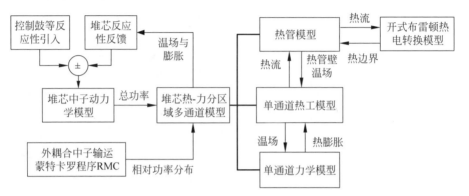

图 6.1　核-热-力-电系统耦合分析方法整体架构及模型关系

6.2.1　堆芯稳态核-热-力耦合方法

　　反应堆堆芯的功率分布、动力学参数及反应性反馈系数等中子学关键参数是热管堆系统分析计算的输入条件。其中,反应性反馈对堆芯响应特性的影响尤为关键。热管堆区别于传统堆芯最重要的特征是固态属性,高温全固态堆芯布置会导致显著的热膨胀效应[149],热管堆中固态堆芯高温力学行为及其耦合效应是热管堆反馈特性等堆芯中子学特性的关键因素[150]。

　　本节利用反应堆蒙特卡罗程序(RMC)和热工-力学计算商用程序ANSYS Mechanical构建堆芯稳态核-热-力耦合方法,耦合原理见附录 C,其计算流程如图 6.2 所示。

　　(1) RMC 进行中子输运计算,获得每根燃料棒的轴向功率分布信息,并通过文件读写被 ANSYS Mechanical 程序加载为热源。

　　(2) ANSYS Mechanical 程序被 RMC 调用执行,读取功率密度分布并进行堆芯热力耦合计算。

（3）ANSYS Mechanical 程序将温度场、密度场、结构位移、热管内部的温度、气-液相分布和密度信息写入数据文件。

（4）RMC 检查信号文件，读取位移、密度和温度数据，更新堆芯几何形状、密度和温度，进行在线截面展宽，重新进行临界计算。

（5）迭代计算步骤（1）～步骤（4），直到达到收敛标准。

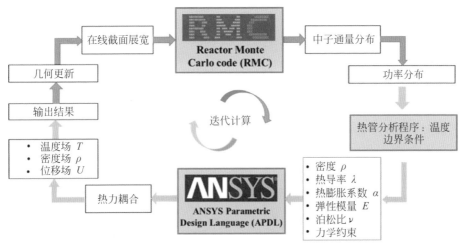

图 6.2　核-热-力耦合计算流程

利用堆芯稳态核-热-力耦合模型，可获得堆芯的功率分布、动力学参数及反应性反馈系数等中子学物理关键参数，这些参数将作为系统程序的输入参数。同时堆芯核-热-力耦合模型计算得到的堆芯稳态温场和力场可作为堆芯零时刻状态，也可作为系统程序的稳态参考解用于系统程序的校核与验证。

6.2.2　堆芯瞬态功率方程

反应堆功率与堆内中子注量率紧密相关。反应堆中子注量率的时空分布可使用带缓发中子先驱核的中子时空动力学方程描述。与堆芯整体功率幅度变化相比，功率形状的变化较慢，因此适用于中子时空动力学准静态求解方法。同时，相比于传统堆芯，热管堆的堆芯结构更加紧凑，中子注量率在时间和空间上更适合于变量剥离[42]。因此，将堆内中子注量率因式分解为幅度函数和形状函数：

$$\Phi(r,\boldsymbol{\Omega},E,t)=N(t)\Psi(r,\boldsymbol{\Omega},E,t) \tag{6-1}$$

式中,幅度函数 $N(t)$ 采用点堆动力学方程求解;堆芯形状函数 $\Psi(r,\Omega,E,t)$ 由蒙特卡罗中子输运模型确定。

6.2.2.1　点堆动力学方程

中子时空动力学方程中的中子通量幅度函数 $N(t)$ 采用点堆动力学方程求解:

$$\begin{cases} \dfrac{\mathrm{d}N(t)}{\mathrm{d}t} = \dfrac{\rho(t) - \bar{\beta}(t)}{\Lambda(t)} N(t) + \displaystyle\sum_{i=1}^{d} \lambda_i c_i(t) \\ \dfrac{\partial c_i(t)}{\partial t} = \dfrac{\bar{\beta}_i(t)}{\Lambda(t)} N(t) - \lambda_i c_i(t) n \end{cases} \tag{6-2}$$

式中,$N(t)$ 为 t 时刻堆内中子密度;t 为时间;$\rho(t)$ 为反应性;$\bar{\beta}(t)$ 为有效缓发中子份额;$\Lambda(t)$ 为中子代时间;λ_i 为第 i 组缓发中子先驱核衰变常数;$c_i(t)$ 为加权的第 i 组缓发中子的先驱核浓度。点堆动力学参数由蒙特卡罗中子输运程序 RMC 计算得到。

在瞬态中子物理计算中,需要考虑多普勒效应、热膨胀效应和热管工质的空泡效应对反应性的影响。多普勒效应是指当燃料温度升高时,^{235}U、^{232}Th 等堆内核素的共振峰展宽,使更多的中子在多普勒共振区被俘获,从而影响反应性的一种效应。固态堆芯热态运行期间,堆内温度变化将引起堆内构件的膨胀或移动,也会对反应性造成影响。此外,热管内的气液两相工质密度及相分布也将随堆芯的功率变化而变化,同样会引起反应性改变。反应性方程如下:

$$\begin{aligned} \rho(t) = {}& \rho_{\mathrm{ext}} + \rho_{\mathrm{feedback}} = \rho_{\mathrm{ext}} + \alpha_{\mathrm{f,D}} \ln(\overline{T_{\mathrm{f}}}/T_{\mathrm{f}}^0) + \alpha_{\mathrm{f,G}} (\overline{T_{\mathrm{f}}} - T_{\mathrm{f}}^0) + \\ & \alpha_{\mathrm{M,D}} \ln(\overline{T_{\mathrm{M}}}/T_{\mathrm{M}}^0) + \alpha_{\mathrm{M,G}} (\overline{T_{\mathrm{M}}} - T_{\mathrm{M}}^0) + \\ & \alpha_{\mathrm{R,D}} \ln(\overline{T_{\mathrm{R}}}/T_{\mathrm{R}}^0) + \alpha_{\mathrm{R,G}} (\overline{T_{\mathrm{R}}} - T_{\mathrm{R}}^0) + \\ & \alpha_{\mathrm{HP}} (\overline{T_{\mathrm{HP}}} - T_{\mathrm{HP}}^0) \end{aligned} \tag{6-3}$$

式中,$\overline{T}$ 为平均温度;T^0 为参考温度;下标 f、M、R、HP 分别代表燃料、基体、反射层和热管;下标 D 代表多普勒效应;下标 G 代表几何尺寸变化带来的反应性反馈。

6.2.2.2　功率模型

在功率模型中,需要考虑裂变过程中裂变产物和锕系元素等衰变热的

影响,则堆芯的总功率 P_T 可表示为

$$P_T(t) = Q_f N(t) + P_\gamma(t) + P_\alpha(t) \tag{6-4}$$

式中, Q_f 为单次裂变过程释放的能量。右侧第一项表征裂变能,第二项表征裂变产物衰变热,第三项表征锕系元素衰变热。

裂变产物衰变热的主要来源核素为 ^{235}U、^{238}U、^{239}Pu 和 ^{241}Pu,在 t 时刻发生的一次裂变导致的裂变产物衰变热 P'_γ 为

$$P'_\gamma(t) = \sum_{j=1}^{N_a} a_{i,j} \exp(-\lambda_{i,j} t) \quad j = 1, 2, \cdots, N_a; \ i = 1, 2, 3, 4 \tag{6-5}$$

式中,参数 a 和 λ 为 ^{235}U、^{238}U、^{239}Pu 和 ^{241}Pu 这四种裂变衰变功率的拟合参数,各使用 23 组参数拟合($N_a = 23$[151])。此外,根据 ANS 标准,使用修正系数 G 来考虑衰变过程中中子俘获的影响[151]。G 的表达式为

$$G(t) = 1.0 + (3.24 \times 10^{-6} + 5.23 \times 10^{-10} t) T^{0.4} \psi_g \tag{6-6}$$

式中,T 是堆芯总运行时长;ψ_g 是已裂变原子数与初始易裂变原子数之比;t 为停堆后运行时间。修正后的衰变热由 $P_\gamma(t)$ 表示:

$$P_\gamma(t) = G(t) P'_\gamma(t) \tag{6-7}$$

锕系元素衰变热对应 ^{239}U、^{238}Np 的衰变过程:

$$\begin{cases} \dfrac{d\gamma_U(t)}{dt} = F_U N(t) - \lambda_U \gamma_U(t) \\ \dfrac{d\gamma_N(t)}{dt} = \lambda_U \gamma_U(t) - \lambda_N \gamma_N(t) \end{cases} \tag{6-8}$$

式中,F_U 是单次裂变过程 ^{238}U 中子俘获产生的 ^{239}U 原子数;λ_U 是 ^{239}U 的衰变常数;λ_N 是 ^{238}Np 的衰变常数。因此,锕系元素衰变热 $P_\alpha(t)$ 为

$$P_\alpha(t) = \eta_U \lambda_U \gamma_U(t) + \eta_N \lambda_N \gamma_N(t) \tag{6-9}$$

式中,η_N 是单次 ^{238}Np 衰变产生的平均能量;η_U 是单次 ^{239}U 衰变产生的平均能量。

6.2.3　堆芯瞬态分区域多通道热力耦合方法

热管堆堆芯为全固态,固态堆芯热传导过程对固体构件间的间隙热阻敏感。由于高温固态堆芯具有显著的热应变,堆内构件热膨胀差异将导致气隙间距的变化从而显著影响堆芯传热过程;同时热应变伴随的热应力或应力接触,将显著增加堆芯承受的结构应力,可能导致发生材料屈服从而威胁堆芯完整性。由于热工和力学效应关联紧密,需要在求解过程中耦合传

热与力学方程。在本节,将建立固态堆芯热工、力学的瞬态方程,并建立求解方法。

6.2.3.1　单通道传热方程

热管堆内单个传热通道包括一根热管及与其相邻的基体和燃料棒,如图 6.3(a)所示。由于单通道实际结构复杂,直接建立传热方程在求解上存在困难,因此采用体积等效将单通道简化为多层圆柱几何,简化后的圆柱几何轴向视图如图 6.3(b)所示。在柱坐标系下,简化后的单通道径向导热微分方程为

$$\rho_i c_i \frac{\partial T_i}{\partial t} = \frac{1}{r}\frac{\partial}{\partial r}\left(\lambda_i r \frac{\partial T_i}{\partial r}\right) + \dot{\phi}_i \qquad (6\text{-}10)$$

式中,i 表征基体、气隙、燃料、热管壁等不同结构;$\dot{\phi}_i$ 为体积释热率,由前述功率模型计算确定。在内部相邻壁面间采用温度连续性和热流连续性条件,外层燃料采用绝热边界条件。

多层圆柱简化使得气隙和燃料的几何结构发生了变化,如燃料实心圆几何在简化后变成了圆环,气隙的半径也在几何简化前后发生改变。为考虑实际几何的影响,根据热流的守恒性条件和热阻等效原则,引入燃料热阻因子和气隙热阻因子修正几何简化:

$$\begin{cases} \lambda'_f = k_f \lambda_f = \dfrac{\dfrac{\dot{\phi}}{4}(r_{f,o}^2 - r_{f,i}^2) - \dfrac{\dot{\phi}}{2}r_{f,i}^2 \ln\left(\dfrac{r_{f,o}}{r_{f,i}}\right)}{\dfrac{\dot{\phi}}{4\lambda_f}r_f^2} = \dfrac{(r_{f,o}^2 - r_{f,i}^2) - 2r_{f,o}^2 \ln\left(\dfrac{r_{f,o}}{r_{f,i}}\right)}{r_f^2}\lambda_f \\[6ex] \lambda'_g = k_g \lambda_g = \dfrac{\dfrac{6\ln\left(\dfrac{r_{g,o}}{r_{g,i}}\right)}{2\pi L}}{\dfrac{3\ln\left(\dfrac{(r_f + 2r_g)}{r_f}\right)}{2\pi L\lambda_g}} = \dfrac{2\ln\left(\dfrac{r_{g,o}}{r_{g,i}}\right)}{\ln\left(\dfrac{(r_f + 2r_g)}{r_f}\right)}\lambda_g \end{cases}$$

$$(6\text{-}11)$$

式中,k_f 为燃料热阻因子,k_g 为气隙热阻因子;λ 为热导率,r 为半径,L 为轴向高度;下标 g 和 f 分别代表气隙和燃料,下标 o 和 i 则分别代表材料的内径和外径。

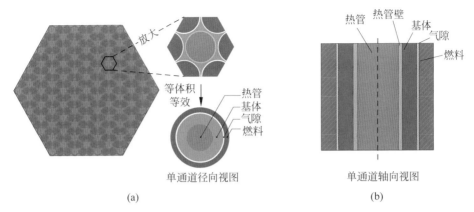

图 6.3　单通道瞬态热力耦合圆柱模化示意图

（a）单通道几何提取与等体积简化；（b）等体积简化后的组件轴向视图

6.2.3.2　单通道力学控制方程

对单通道建立求解应力与应变的力学方程。根据热管堆的重复性几何布置提取力学分析单元，如图 6.4 所示，即以芯块为中心、以芯块间中心距为外径，提取该结构作为计算单元。

结合燃料元件的受力情况和几何结构，在力学分析中引入广义平面应变假设、连续性假设和准静态假设等基本假设[152]。

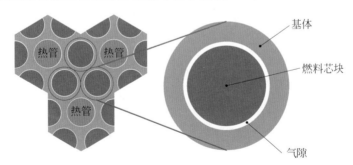

图 6.4　力学模型提取

根据假设建立平衡方程和几何方程。在柱坐标下，径向平衡方程为

$$\frac{\partial \sigma_r}{\partial r} + \frac{\sigma_r - \sigma_\theta}{r} = 0 \tag{6-12}$$

式中，σ_r、σ_θ 分别为径向和环向应力。

柱坐标下几何方程为

$$\begin{cases} \varepsilon_r = \dfrac{\partial u}{\partial r} \\[2ex] \varepsilon_\theta = \dfrac{u}{r} \\[2ex] \varepsilon_z = \dfrac{\partial w}{\partial z} = \text{const} \end{cases} \tag{6-13}$$

式中，ε 代表各个方向的总应变；u、w 分别为径向和轴向位移；下标 r,θ,z 分别代表径向，环向和轴向。式(6-13)进一步化简得相容方程：

$$\frac{\partial \varepsilon_\theta}{\partial r} + \frac{\varepsilon_\theta - \varepsilon_r}{r} = 0 \tag{6-14}$$

应变包括热膨胀应变、弹性应变以及非弹性应变三部分。三个主方向上的总应变的控制方程为

$$\begin{cases} \varepsilon_r = \varepsilon_r^e + \varepsilon_r^\alpha + \varepsilon_r^{ie} = \dfrac{1}{E}(\sigma_r - \mu(\sigma_\theta + \sigma_z)) + \varepsilon_r^\alpha + \varepsilon_r^{ie} \\[2ex] \varepsilon_\theta = \varepsilon_\theta^e + \varepsilon_\theta^\alpha + \varepsilon_\theta^{ie} = \dfrac{1}{E}(\sigma_\theta - \mu(\sigma_r + \sigma_z)) + \varepsilon_\theta^\alpha + \varepsilon_\theta^{ie} \\[2ex] \varepsilon_z = \varepsilon_z^e + \varepsilon_z^\alpha + \varepsilon_z^{ie} = \dfrac{1}{E}(\sigma_z - \mu(\sigma_r + \sigma_\theta)) + \varepsilon_z^\alpha + \varepsilon_z^{ie} \end{cases} \tag{6-15}$$

式中，ε^e 代表弹性应变；ε^α 代表热膨胀应变；ε^{ie}；代表非弹性应变；μ 为泊松比；E 为杨氏模量。

式(6-15)的求解需要确定边界条件。在芯块中心位置处，轴向应力与径向应力相等；而芯块外壁面与基体内壁间的径向应力由芯块和基体的接触状态决定。当芯块和基体接触导致气隙闭合时，该径向应力为接触应力 P_{con}；当二者未接触时，径向应力为气隙压强 P_{g}。燃料中心、燃料外侧与基体内侧的各边界条件如下：

$$\begin{cases} \sigma_{r,\text{in}}^{\text{pellet}} = \sigma_{\theta,\text{in}}^{\text{pellet}} \\[2ex] \sigma_{r,\text{in}}^{\text{monolith}} = \sigma_{r,\text{out}}^{\text{pellet}} = \begin{cases} -P_{\text{g}}, & d_{\text{g}} > 0 \\ -P_{\text{con}}, & d_{\text{g}} = 0 \end{cases} \end{cases} \tag{6-16}$$

式中，d_{g} 表示燃料和气体间气隙间距。

图 6.5 展示了气隙处芯块外壁与基体内壁的边界条件的确定流程。首先假设气隙不闭合，此时燃料外侧和基体内侧边界的径向应力边界为气隙压强，计算芯块的外径和基体的内径，若更新后二者结构不重叠则表明前述气隙不闭合假设成立；反之则二者发生接触，采用位移连续条件迭代计算[153]接触应力。

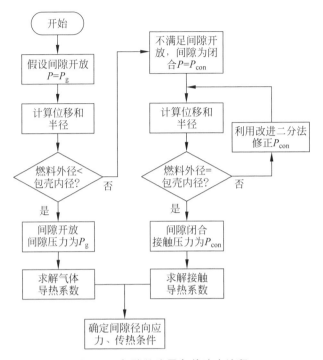

图 6.5　气隙处边界条件确定流程

6.2.3.3　单通道热力耦合

传热方程与力学方程通过变量传递的方式进行耦合,如图 6.6 所示。传热方程计算所得的堆芯温度场作为热载荷传递至力学方程,而力学方程计算所得的堆芯应力与应变将更新传热方程中的燃料半径、燃料间距、气隙厚度、材料高度和密度等信息。图 6.7 中展示了热力耦合计算流程。由于传热方程和力学方程中提取了不同的通道结构,因此传热方程和力学方程通过顺次迭代更新相互传递的参数。当该时刻温差、应力、应变均收敛时热力耦合计算进入下一个时间步,该进程循环进行直至模拟达到设定时间。

6.2.3.4　分区域多通道热传导方程

为体现堆芯内固-固间的径向传热,需构建通道与通道之间的传热模型。在典型的热管堆设计中,燃料棒和热管以规则、紧凑的方式排列在堆芯基体内,如图 6.8(a)所示,整体上可划分为多个六边形区域。在每个六边

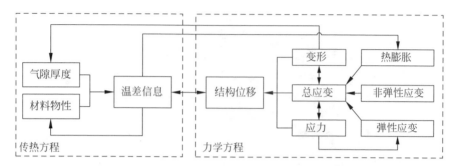

图 6.6　传热方程与力学方程间的变量传递

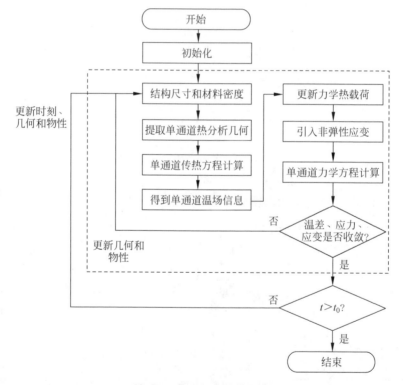

图 6.7　热力耦合计算流程

形区域内,提取一个单通道进行瞬态热分析,如图 6.8(b)所示。由于热管堆内功率平坦且堆芯周向对称,为简化传热模型,仅考虑区域与区域之间的传热,而不考虑区域内通道间的传热。

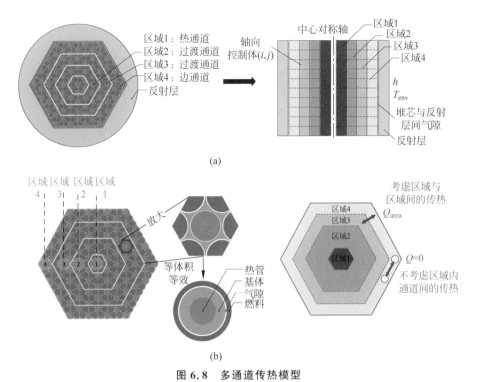

图 6.8　多通道传热模型

（a）反应堆通道分区；（b）通道分区中单通道的提取

不同区域间的功率存在差异，即各个区域对应的径向功率因子为 k_i，记全堆燃料棒的径向平均释热率为 $\bar{\phi}$，则单个区域内的燃料棒的释热率为 $k_i\bar{\phi}$。利用单通道热工分析模型计算出各个区域内的平均温度，并利用傅里叶导热定律计算不同区域间的径向传热量。各个六边形区域通过体积守恒等效为多层圆柱几何，因此各个区域的等效区域半径满足：

$$SN_i = \pi(r_i^2 - r_{i-1}^2) \tag{6-17}$$

式中，S 为单个通道的面积；N_i 为第 i 区域包含的通道数；r_i 为第 i 区域对应的区域半径；r_{i-1} 为第 $i-1$ 区域对应的区域半径。

堆芯径向传热的根源是各区域间的温场差异。对每个区域轴向分层，如图 6.8(b)所示，每个区域内的轴向控制体内热源是燃料热功率和与相邻区域间热传导功率之和：

$$\phi_{i,j} = \phi_{i,j}^{\mathrm{fuel}} + \phi_{i,j}^{\mathrm{con}} = \phi_{i,j}^{\mathrm{fuel}} + \sum_{k=1}^{m} \lambda_{k,i} A_{k,i} \frac{\overline{T}_{k,j} - \overline{T}_{i,j}}{\Delta \overline{r}_{i,k}} \tag{6-18}$$

式中，ϕ 为功率；$\overline{T}$ 为区域体积平均温度；A 为区域与区域间的传热面积；

λ 为区域等效热导率；$\Delta\bar{r}_{i,k}$ 为不同区域间的径向传热距离。下标 i 和 j 分别指的是区域编号和轴向控制体编号；下标 k 表示区域 i 的相邻区域 k，m 表示相邻区域个数（1 或 2）。

　　由于假设各个区域内各通道状态相同，因此各区域内单通道的轴向控制体内热源为

$$\phi_{i,j,\text{single}}=\phi_{i,j}/N_i \tag{6-19}$$

式中，$\phi_{i,j,\text{single}}$ 为区域 i 单通道在轴向控制体 j 的功率；N_i 为区域 i 的单通道个数。

　　边通道与反射层间通过氦气气隙导热进行热传导，反射层与环境间通过外壁进行对流换热。

　　图 6.9 显示了堆芯热分析模拟的流程图。首先利用输入卡进行初始化和全堆建模，然后利用稳态分析模块计算正常运行时的温度表现，因为反应堆的径向功率分布需要迭代更新热源项直至峰值温度稳定，进入瞬态分析模块，根据不同时刻全堆功率计算并输出瞬态温度分布，当时间达到设定参数时计算结束。

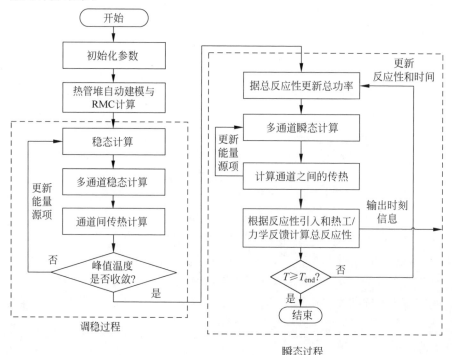

图 6.9　堆芯通道间传热计算流程

6.2.4　基于多方过程的开式布雷顿循环集总参数模型

开式布雷顿循环热电转换系统相比于静态热电转换系统,具有相对较高的能量转换效率,通常在几百千瓦级至兆瓦级功率的陆基场景使用,是本书主要讨论的热电转换形式。布雷顿循环与热管冷端换热边界耦合,并通过影响热管的运行状态影响堆芯输热过程。图 6.10 展示了开式布雷顿系统,主要包括压气机、换热器、透平和负载四个部分。

开式布雷顿循环系统的工作原理如下:压气机抽吸空气并进行增压,而后空气流经换热器与从堆芯延伸出的热管冷凝段进行热交换;换热器出口的高温空气进入透平并带动透平内叶轮转动,透平出口废气排向大气环境。压气机,透平和负载通过转轴连接,同轴转动。此外,在换热器出口和透平进口间有旁通阀,可旁通调节透平进气量从而控制功率输出。

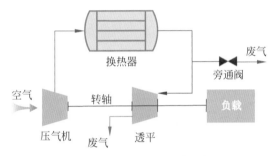

图 6.10　开式布雷顿系统示意图

开式布雷顿循环系统运行过程的温熵图如图 6.11 所示。循环起始(状态点 1,图 6.11),压气机抽吸常温常压的环境空气,并在压气机内增压至出口(状态点 2,图 6.11),该过程近似为多方过程。进出口的空气温度和气体状态满足:

$$\frac{T_{S2}}{T_{S1}} = 1 + \frac{\left(\dfrac{p_{S2}}{p_{S1}}\right)^{\frac{\gamma-1}{\gamma}} - 1}{\eta_{sc}} = \left(\frac{p_{S2}}{p_{S1}}\right)^{\frac{\gamma-1}{\gamma\eta_{pc}}} \tag{6-20}$$

式中,T、p 分别为空气的总温和总压。η_{sc} 和 η_{pc} 分别是压气机的绝热效率和多方效率,γ 为空气的比热容比。下标 S1 代表压气机的进口状态点;下标 S2 代表压气机的出口状态点。压气机气体出口总压 P_{S2} 和压气机气体进口总压 P_{S1} 之比,定义为压气机的压比;类似的,压气机出口总温 T_{S2} 和压气机进口总温 T_{S1} 之比,定义为压气机的温比。压气机在循环状态点

1～2 过程消耗的功为

$$W_{comp} = \dot{m} C_p (T_{S2} - T_{S1}) \tag{6-21}$$

式中，C_p 为气体的定压比热容，$\dot{m}$ 为气体的质量流量。

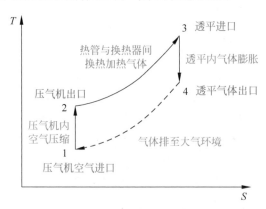

图 6.11　开式布雷顿系统温熵图

气体在压气机内增压后进入换热器，热管换热器内气体与堆芯内延伸出的热管冷凝段进行对流换热，该阶段气体在近似等压条件下加热并升温。流动气体与热管间存在换热器管壁，如图 6.12 所示，二回路气体与热管存在换热器管壁间隔。换热器侧管壁与热管冷凝段间换热：

$$q = hA(T_{hp} - T_{hot}) \tag{6-22}$$

式中，h 是热管冷凝段与换热器管壁间的对流换热系数；T 为温度；q 为热流密度。下标 hp 和 hot 分别代表热管冷凝段和换热器管壁。

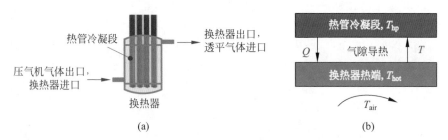

图 6.12　换热器内气体传热过程示意图

(a) 换热器中的气体流动；(b) 热管冷凝段与换热器间换热过程

换热器管壁与布雷顿循环内的气体换热采用集总参数模型。气体进口温度为 T_{S2}，出口温度为 T_{S3}，假设换热器气隙及管壁不储热，则换热器侧和热管管壁间的热流满足：

$$q = h_{air} \left(T_{hot} - \frac{T_{S2} + T_{S3}}{2} \right) + \dot{m} C_p (T_{S2} - T_{S3}) \tag{6-23}$$

式中,$\dot{m}$ 是换热器中的气体质量流率；h_{air} 是空气对流换热系数,采用卢卡乌斯卡斯公式确定[154]。

在换热器出口,气体达到最大温度 T_{S3} (状态点 3,图 6.11),气体流入透平。在换热器出口和透平进口处,可通过调整旁通阀的开度来控制气体流量。在透平内气体推动叶轮做功：

$$W_{turbine} = (1 - \beta) \cdot \dot{m} C_p (T_{S3} - T_{S4}) \tag{6-24}$$

式中,β 为旁通的流量占总流量的比例,当旁通阀完全关闭时,β 为 0；下标 S3 和 S4 分别表示透平的进口状态点(状态点 3,图 6.11)和出口状态点(状态点 4,图 6.11)。

透平内的过程近似满足多方过程,气体的进出口总温和总压满足如下关系：

$$\frac{T_{S4}}{T_{S3}} = 1 - \eta_{sT} \left(1 - \left(\frac{p_{S4}}{p_{S3}} \right)^{\frac{\gamma-1}{\gamma}} \right) = \left(\frac{p_{S4}}{p_{S3}} \right)^{\frac{\gamma-1}{\gamma \eta_{pT}}} \tag{6-25}$$

式中,η_{sT} 和 η_{pT} 分别是透平的绝热效率和多方效率。

压气机、透平和负载(如交流发电机)同轴转动。透平叶轮做功除提供负载发电和压气机气体增压做功外,剩余能量将改变轴转速：

$$\frac{d}{dt} \left(\frac{I \omega^2}{2} \right) = W_t - W_c - P_c \tag{6-26}$$

式中,P_c 为负载功率；I 为系统的转动惯量；ω 为轴转动角速度。下标 c 和 t 分别表示压气机和透平。

由于气体的流量在透平或压气机内基本为定值,气体在压气机或透平进出口的压比和温比可以由气体流量和系统转速确定。压比、温比、气体流量和系统转速之间的依赖关系,被称为"布雷顿循环系统的特性曲线"：

$$\begin{cases} \dfrac{p_{S2}}{p_{S1}} = f_{prC}(T_{S1}, P_{S1}, \dot{m}_c, \omega) \\[2mm] \dfrac{p_{S3}}{p_{S4}} = f_{prT}(T_{S3}, P_{S3}, \dot{m}_t, \omega) \\[2mm] \dfrac{T_{S2}}{T_{S1}} = f_{TrC}(T_{S1}, P_{S1}, \dot{m}_c, \omega) \\[2mm] \dfrac{T_{S3}}{T_{S4}} = f_{TrT}(T_{S3}, P_{S3}, \dot{m}_t, \omega) \end{cases} \tag{6-27}$$

式中，T_{S1} 和 P_{S1} 为压气机进口气体温度和压力，作为边界条件已知；T_{S3} 和 P_{S3} 为透平进口气体温度和压力，通过式(6-23)确定；$\dot{m}$ 是压气机或透平中的气体质量流率。在实际应用中，布雷顿系统的特性曲线通常由压气机和透平的出厂运行实验测定。

开式布雷顿循环的模型计算流程如图 6.13 所示：

（1）以该时刻的热管冷凝段温度、开式布雷顿系统轴转速及上一时刻布雷顿系统运行参数作为初始输入条件，根据理想气体状态方程求入口空气和换热器内的气体温度和压强等状态参数；

（2）根据特性曲线式(6-27)和轴转速以及压气机和透平的流量连续条件，迭代求解压气机和透平的压比、效率及系统流量；

（3）根据已求解出的压气机压比和式(6-20)计算压气机出口温度，根据压气机效率修正实际出口温度；

（4）根据热管冷凝段壁面温度边界求解热管与换热器间的换热过程，

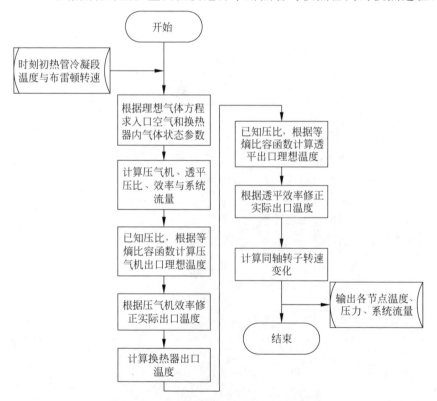

图 6.13　开式布雷顿循环模型计算流程图

计算得到换热器出口温度；

(5) 根据已求解出的透平压比和式(6-25)计算透平出口温度，根据透平效率修正实际出口温度；

(6) 根据系统能量守恒(式(6-26))计算系统的转速变化；

(7) 输出该时刻各节点的温度、压力和系统流量等信息。

6.2.5　热管堆系统输热分析方法分部验证

本节对系统分析方法中的热力耦合方法、开式布雷顿集总参数方法、堆芯功率计算方法、分区域多通道分析方法进行验证。其中，热力耦合模型使用均匀内热源实心长圆柱体热弹性问题和热管堆内典型组件的热力耦合问题验证；布雷顿模型使用 SBL-30(Sandia Brayton Loop, 30 kW)布雷顿循环系统基准题验证；堆芯功率模型使用文献算例计算校核；分区域多通道模型使用商用程序 ANSYS Mechanical 全堆计算的结果校核。

6.2.5.1　热力耦合模型验证

使用均匀内热源实心长圆柱体热弹性问题和热管堆内典型组件的热力耦合问题验证热力耦合模型。其中，均匀内热源实心长圆柱体热弹性问题具有解析解，温度分布和应力分布为[155]

$$
\begin{cases}
T = T_{\text{surface}} + \dfrac{q_v}{4\lambda}(R^2 - r^2) \\[2mm]
\sigma_r = \dfrac{\alpha E}{1-\mu}\dfrac{q_v}{16\lambda}(r^2 - R^2) \\[2mm]
\sigma_\theta = \dfrac{\alpha E}{1-\mu}\dfrac{q_v}{16\lambda}(3r^2 - R^2) \\[2mm]
\sigma_z = \dfrac{\alpha E}{1-\mu}\dfrac{q_v}{8\lambda}(2r^2 - R^2)
\end{cases}
\tag{6-28}
$$

式中变量参考美国 MegaPower 热管堆内燃料棒的几何和释热率参数取值，分析区域如图 6.14 所示，相应计算参数在表 6.1 内列出。计算中，燃料棒外表面采用自由约束，同时忽略分析区域外的结构影响，仅模拟单根燃料棒。

使用本书热力耦合模型计算得到的应力分布及温度分布与解析解的比较如图 6.15 所示，本书模型温度分布的绝对误差小于 2℃，相对误差在 5% 以内；径向应力、环向应力和轴向应力分布的相对误差均在 10% 以内。

自 $6×10^6$～$6×10^7$ W/m³ 改变燃料棒释热率,本书模型计算所得燃料中心与燃料表面的温差和燃料峰值应力与解析解的比较如图 6.16 所示。峰值应力与内外壁温差的相对误差均小于 3%。

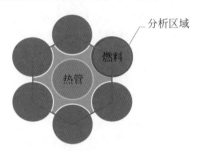

图 6.14　均匀内热源实心长圆柱体热
弹性问题分析区域

表 6.1　均匀内热源实心长圆柱体热弹性问题计算参数

参　　数	符　　号	单　　位	值
热膨胀系数	$α$	K^{-1}	$2.0×10^{-5}$
体积释热率	q_v	W/m³	$9.76×10^6$
热导率	$λ$	W/(m·K)	3.47
燃料半径	R	mm	7.06
弹性模量	E	MPa	$1.5×10^5$
泊松比	$μ$	—	0.3

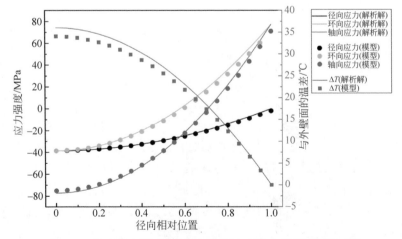

图 6.15　热力耦合模型模拟的温度及应力分布与解析解的对比

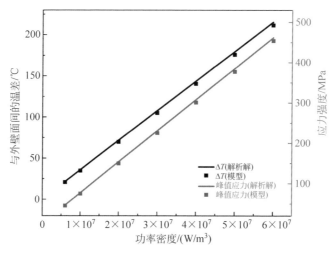

图 6.16　燃料中心与外壁面温差及峰值应力的模拟结果与解析解对比

　　为进一步验证热力耦合模型,对热管堆单个通道进行模拟,并以商用软件 ANSYS 计算结果为参考。热管堆内单通道模型如图 6.17 所示,热管壁面在计算中设置为定壁温边界条件,燃料对称面采用绝热边界条件,芯块内为均匀体积释热率热源。几何参数和燃料释热率仍参考美国 MegaPower 热管堆内典型单通道参数,如表 6.2 所示。在本书热力耦合模型中,基体外边界条件设定的准确性将显著影响计算结果的准确性,采用 ANSYS 模型计算所得的基体边界热应力作为本书热力耦合模型的应力边界输入条件。

表 6.2　单通道建模参数

参　　　数	单位	值
芯块半径	cm	0.706
热管壁外径	cm	0.7875
热管壁厚	cm	0.2
热管-燃料中心距	cm	1.6
初始间隙厚度	cm	0.0065
体积释热率	W/m^3	9.76×10^6
燃料类型	—	UO$_2$
基体类型	—	316 不锈钢
气隙类型	—	氦气

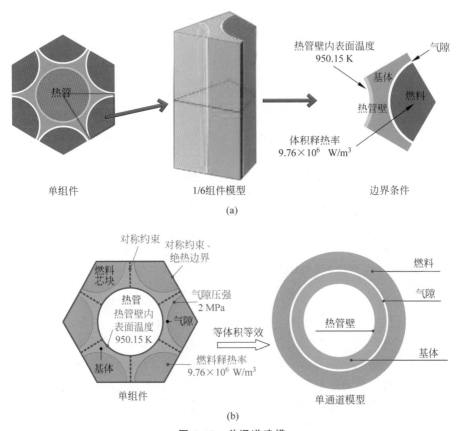

图 6.17 单通道建模

(a) ANSYS 中的单通道模型建模；(b) 热力耦合模型建模

ANSYS 计算的单通道燃料及基体的应力分布与温度分布如图 6.18 所示,燃料的峰值温度为 744℃,靠近燃料侧的基体峰值温度为 687℃,燃料峰值应力和基体峰值应力分别为 63.4 MPa 和 17.3 MPa。

本书模型计算结果与 ANSYS 计算结果对比如表 6.3 所示,热力耦合模型的燃料和基体的峰值温度相对不耦合力学的传热模型,均更加接近 ANSYS 的计算结果。其中,燃料峰值温度为 739℃,燃料侧的基体峰值温度为 686℃,燃料峰值应力为 65.8 MPa,基体峰值应力为 15.9 MPa;相比于 ANSYS 计算结果,误差分别为 -5℃,-1℃,2.4 MPa 和 -1.4 MPa;温度计算相对误差小于 0.5%,应力计算相对误差小于 5%。通过 ANSYS 商用软件和实际模型分析结果对比验证了本书热力耦合模型的准确性和通道几何等体积简化的可行性。

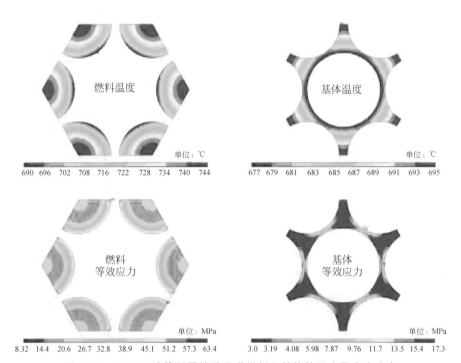

图 6.18　ANSYS 计算所得的单通道燃料和基体的温度及应力分布

表 6.3　热力耦合模型与 ANSYS 计算结果对比

	模型不耦合力学	热力耦合模型	ANSYS
燃料峰值温度/℃	737	739	744
基体峰值温度/℃	690	686	687
燃料峰值应力/MPa	—	65.8	63.4
基体峰值应力/MPa	—	15.9	17.3

　　进一步改变燃料功率密度,对比 ANSYS 与模型的计算结果。如图 6.19 所示,在 $6×10^6 \sim 6×10^7$ W/m^3 燃料功率密度变化范围内,本书模型计算的燃料、基体峰值温度和 ANSYS 计算的参考结果间绝对误差小于 5℃,相对误差小于 0.5%;模型计算的燃料、基体峰值应力和 ANSYS 计算的参考结果间绝对误差小于 2 MPa,相对误差小于 5%。进一步验证了本书热力耦合模型的准确性。

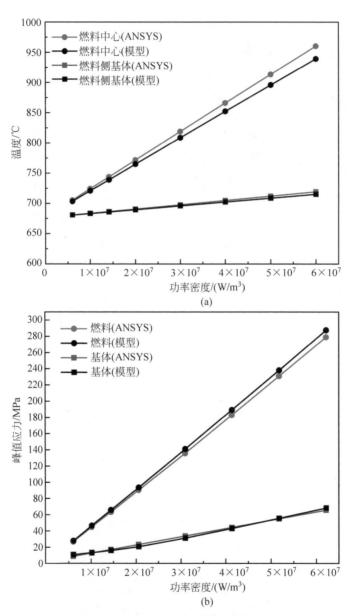

图 6.19 不同燃料功率密度下热力耦合模型与 ANSYS 模拟的温度/应力结果对比

（a）峰值温度对比；（b）峰值应力对比

6.2.5.2　开式布雷顿循环集总参数模型验证

开式布雷顿循环模型通过模拟和对比 SBL-30 布雷顿循环系统实验进行验证。SBL-30 实验系统为 30 kWe 布雷顿循环系统,该实验回路系统的基本参数、运行实验数据及布雷顿系统特性曲线均由美国桑迪亚国家实验室发布,是布雷顿循环模型的公开基准题之一[156]。

图 6.20 展示了 SBL-30 的实验系统,系统主要包括压气机、透平、交流发电机和回热器四个部分。在 SBL-30 的空气布雷顿循环系统中,透平出口和压气机进口间连接有回热装置。但在本书开式空气布雷顿模型中,并未考虑气体回热器部分的建模。因此本节采用回热器的进口和出口实验数据作为边界条件,分别对布雷顿系统的压气机和透平进行模拟和验证。

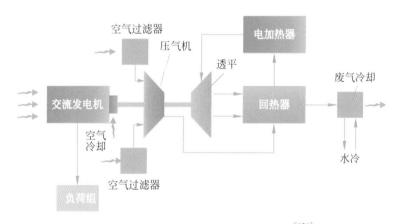

图 6.20　SBL-30 布雷顿循环系统示意图[156]

实验中,空气布雷顿系统的变转速启动过程包含三个阶段。将三个阶段的转速作为已知条件,使用本书模型计算压气机的出口温度和出口压强、透平的入口压强和出口温度以及系统气体流量随时间的变化,模型模拟结果与实验结果的对比如图 6.21 所示。本书模型模拟的压气机出口温度、透平出口温度与实验测量结果间的绝对误差小于 5℃,相对误差小于 1%;模型模拟的压气机出口压强和透平入口压强相对误差小于 3%;模型模拟的气体流量与实验结果间的相对误差小于 4%。验证结果表明,本书模型可较准确地反映布雷顿瞬态启动及运行过程中温度、压力和流量的变化趋势。

其中,流量和压强误差稍大,但趋势基本一致,该误差可能是未考虑布雷顿循环系统内部压强变化和损耗等模型简化所导致的。

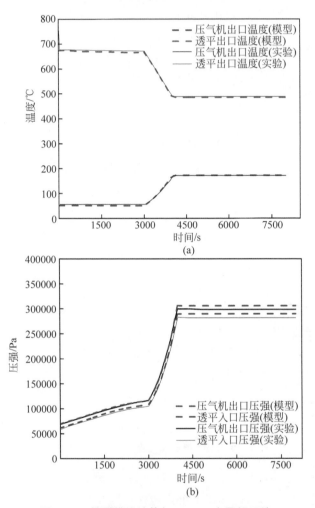

图 6.21　模型模拟计算与 SBL-30 布雷顿系统实验测量数据的对比

(a) 压气机出口温度和透平出口温度;
(b) 压气机出口压强和透平入口压强;(c) 气体流量随时间的变化

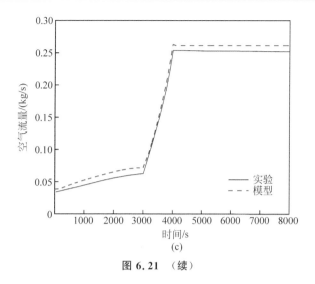

图 6.21　（续）

6.2.5.3　堆芯功率计算与分区域多通道分析方法验证

MegaPower 热管堆是由美国洛斯·阿拉莫斯国家实验室设计的兆瓦级热管冷却反应堆[105]。当前围绕 MegaPower 热管堆的中子物理、热工等已有大量计算结果发表[105,157]，因此本节选取 MegaPower 热管堆作为研究对象，验证系统程序中的堆芯功率模型和分区域多通道模型。参照 LANL[157] 与 INL[105] 公布的该热管堆具体参数进行建模，如图 6.22 所示，左侧为该热管堆中心径向截面视图，右侧为堆芯轴向截面视图。MegaPower 热管堆堆芯由 6 个相同的梯形构件组成，基体材料为 SS316 不锈钢，除边缘通道的热管外，每根热管周围均有 6 根呈正六边形等距分布的燃料棒。堆芯中间存在安全棒通道，堆芯周围是反射层及 12 个对称排布的旋转控制

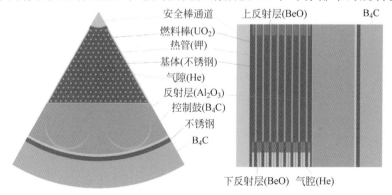

图 6.22　MegaPower 热管堆 RMC 三维模型（1/6 堆芯）

鼓。反应堆上下反射层材料均为 BeO,热管的冷凝段从上反射层中伸出。该反应堆堆芯构造及本书建模参数详见附录 D。

利用 RMC 对该堆进行中子学建模,模拟 MegaPower 中子输运过程并得到堆芯功率分布。模拟使用 50 万粒子数,50 非活跃代,200 活跃代,有效增殖系数 K_{eff} 标准差小于 0.00007。与文献[105]中不同温度下的 K_{eff} 进行比对,如图 6.23(a)所示,计算偏差在 $-0.0002 \sim 0.0006$。轴向功率分布的比较如图 6.23(b)所示,功率偏差小于 1%;功率分布和有效增殖系数的计算验证了本书模型在堆芯功率分布模拟上的正确性与可靠性。

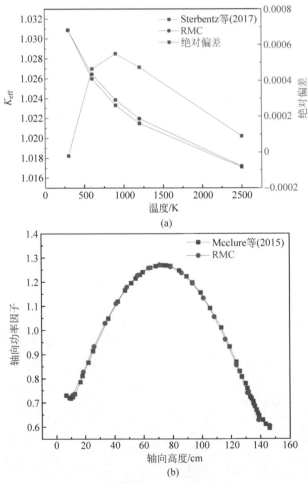

图 6.23 有效增殖系数和轴向功率分布计算对比

(a)不同温度下 K_{eff} 对比;(b)轴向功率分布对比

利用 RMC 与 ANSYS Mechanical 的核-热-力耦合方法计算 MegaPower 热管堆在热态满功率下的堆芯温场分布,并将该全堆计算结果作为参考解,验证系统模型堆芯分区域传热功能。如图 6.24 所示,分区域传热模型将堆芯划分为 4 个区域,则系统模拟的区域 1、区域 2、区域 3、区域 4 分别对应 ANSYS 堆芯建模内的热通道典型单元(A),过渡通道典型单元(B、C),边通道典型单元(通道 D)。计算结果见表 6.4,本书模型模拟热管载热量的相对误差小于 2%,通道内燃料释热率的相对误差小于 1%。同时 ANSYS Mechanical 和本书系统模型的计算均表明,在反应堆热态满功率的运行状态下,各通道内 95% 以上的热量被热管以轴向输热的方式导出,剩余的热量则通过通道间的径向导热导出。同时,该对比进一步验证了堆芯分区域多通道径向传热计算的合理性与准确性。

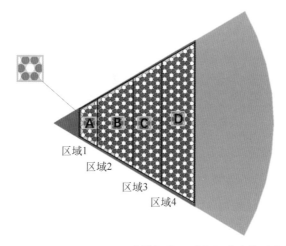

图 6.24　ANSYS Mechanical 建模与分区域多通道建模对应关系

表 6.4　分区域多通道计算与 ANSYS Mechanical 全堆计算结果的比较

通道编号	ANSYS Mechanical 1/6 堆芯建模计算		区域编号	分区域多通道计算	
	热管载热量 /W	通道内燃料释热率/W		热管载热量 /W	通道内燃料释热率/W
单通道 A	5375	5681	区域 1	5538	5604
单通道 B	5476	5484	区域 2	5430	5439
单通道 C	4801	4802	区域 3	4767	4767
单通道 D	4424	4410	区域 4	4419	4395

6.3 热管堆启堆输热特性研究

本节选取兆瓦级热管堆 MegaPower[105] 作为研究对象,如图 6.25 所示。应用本章建立的瞬态分析模型及对应系统程序,分析讨论 MegaPower 热管堆的启动运行特性。MegaPower 热管堆堆芯功率分布由核-热-力耦合方法得到,如图 6.26 所示,根据功率分布将堆芯划分为热通道区域(区域 1)、过渡通道区域(区域 2~15)、边通道区域(区域 16),各个区域的径向功率因子和区域内单通道数量如表 6.5 所示。反射层在堆芯外侧,与堆芯间存在 5 mm 厚度的气体。反射层外侧与环境间进行自然对流换热,设定环境温度为 300 K,自然对流系数为 20 W/(m^2 · K)。堆芯的点堆动力学参数,反应性反馈系数等参数由蒙特卡罗程序 RMC 计算得到,相关参数见附录 D。

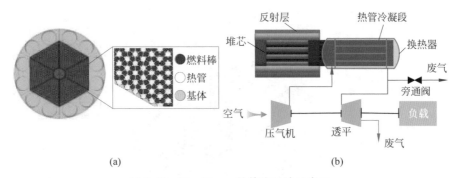

(a)   (b)

图 6.25   MagePower 热管堆系统示意图

(a) 热管堆堆芯示意图;(b) 堆芯与布雷顿系统

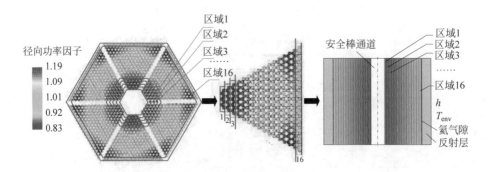

图 6.26   径向功率分布与堆芯分区

表 6.5　堆芯 16 通道分区参数

堆 芯 分 区	径向功率因子	区域内通道数量
1	1.169	21
2	1.162	27
3	1.154	33
4	1.142	39
5	1.126	45
6	1.105	51
7	1.080	57
8	1.051	63
9	1.019	69
10	0.985	75
11	0.951	81
12	0.919	87
13	0.894	93
14	0.885	99
15	0.910	105
16	1.038	111

在启堆模拟中,热管堆的启动被划分为三个阶段,第一阶段为堆芯次临界阶段,该阶段结束的标志是堆芯总反应性为正,堆芯临界;第二阶段为堆芯热管冷态启动阶段,其结束的标志是热管完全启动,并启动二回路布雷顿循环系统;第三阶段为堆芯功率提升至额定功率阶段,其结束的标志是堆芯达到额定功率并运行至稳态。

启堆过程整体模拟流程如图 6.27 所示。第一步,初始化系统参数,包括堆芯几何参数、功率分布、反应性反馈系数等。然后进行瞬态计算,依次显式求解点堆中子动力学模型、堆芯多通道传热模型、热管模型。第二步,根据堆芯的燃料、基体、热管、反射层的运行温度确定堆芯内部反应性,并与旋转控制鼓(简称"旋转鼓")引入的外部反应性求和作为总反应性。迭代中,根据堆芯反应性和热管的启动状态,判断当前启堆所处的阶段,并更新温度场和各通道间的传热量,计算进入下一时间步。最终计算达到预设时间,启堆模拟结束。

旋转鼓内含有中子吸收材料 B_4C,在启堆过程中,旋转鼓通过旋入/旋出以控制堆芯反应性,如图 6.28 所示。在堆芯初始旋转鼓的中子吸收侧完全旋入堆芯(角度为 0°),使得堆芯处于最大停堆深度。在启堆过程中,旋

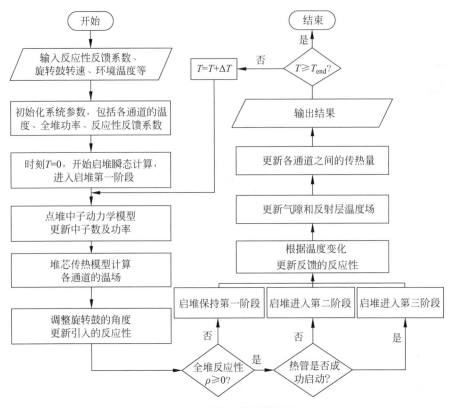

图 6.27　热管堆启堆模拟流程图

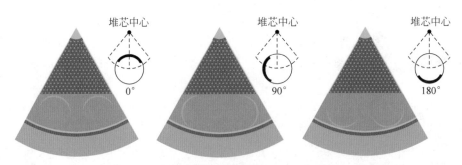

图 6.28　热管堆旋转鼓的状态示意图

转鼓的中子吸收侧旋出引入正反应性,旋转鼓角度与反应性的对应关系如图 6.29 所示,该曲线可使用生长曲线进行拟合,拟合后旋转鼓角度与反应性的关系为

$$\rho = \frac{-0.09647}{1 + \exp\left(\dfrac{\theta - 94.8083}{27.09451}\right)} + 0.03581 \tag{6-29}$$

式中，ρ 为反应性；θ 为旋转鼓角度。由堆芯冷态临界和热态满功率的临界计算知堆芯冷态临界和热态满功率对应的旋转鼓角度分别为 $109.1°$ 和 $120°$。

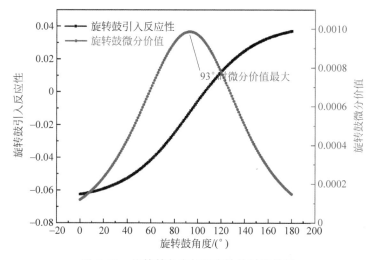

图 6.29　旋转鼓角度与反应性的对应关系

6.3.1　旋转鼓匀速转动下的启堆输热分析

在 KRUSTY 反应堆启动实验[4]中，研究人员使用自由运行的方式启动堆芯——通过向堆芯引入足量的阶跃反应性使得反应堆从冷态状态转变为热态启动状态。因为 KRUSTY 堆芯小、功率等级低（<5 kWth），这种自由运行启堆方式的风险相对可控。但在兆瓦级反应堆中，由于堆芯运行功率高（>1 MWth），自由运行的启堆方式对系统的热冲击大，易引发核安全事故，因此自由运行的启堆方式无法采用。与阶跃引入足量反应性相比，相对"温和"的启动方式是，通过旋转鼓匀速转动缓慢引入反应性从而启动堆芯，如 Yuan 等[19]的研究中采用了这种旋转鼓均匀转动的启堆方案，本节采用类似的方法研究 MegaPower 热管堆的启动特性。

该堆芯启动方案的启动过程分为三个子过程，包括堆芯次临界至临界阶段、热管冷态启动阶段、二回路启动运行直至堆芯满功率阶段。三个阶段中,堆内 12 个旋转鼓同步旋转使得鼓内中子吸收材料远离堆芯,从而引入反应性。由于临界前后的堆芯状态差异显著,堆芯临界前(第一阶段)和临界后(第二和第三阶段)分别采用 20°/min 和 0.1°/min 的旋转鼓转速以控制反应性的引入速率。

图 6.30 展示了启堆过程中反应堆热功率和电功率随时间的变化曲线。在启堆零时刻,全堆芯处于室温 25℃,堆芯点火功率设为 0.01 W。在启堆第一阶段,旋转鼓以 20°/min 匀速从 0°旋转至 109.1°,在 327 s 时,堆芯由次临界状态转为临界状态。在此过程中,堆芯为零功率,堆内热管由于未受热仍保持冷冻状态。因此在第一阶段过程中,除反应堆总体反应性被提升至临界外,反应堆热工状态无明显变化。

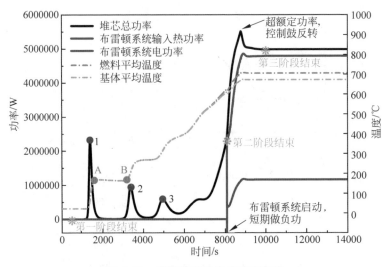

图 6.30　启堆过程反应堆功率变化

第一阶段在 327 s 时结束,旋转鼓转速变为 0.1°/min,继续向堆内引入反应性。反应堆功率开始提升,同时加热堆内构件。在约 1500 s,堆芯出现了一个约 2.4 MW 的功率峰,此时堆芯总反应性再次变为 0(图 6.31),在达到该功率峰值后堆芯开始降功率至接近零功率。堆内燃料、基体和热管在此过程中由于受热温度升高,反应性反馈产生的负反应性逐渐超过旋转鼓引入的累计外部反应性,导致堆芯短暂次临界,堆芯在达到功率峰值后开始降功率。由于功率置零,堆内构件温度不再上升,在图 6.30 中呈现为 A 至 B 的温度平台期。此时热管、燃料和基体的温度约 200℃。此时钠热管内的工质已经熔化,但由于蒸气还未形成连续流动,热管无法有效载出热量,堆芯处于保温状态。

随着旋转鼓进一步引入外部反应性,堆内构件温度反馈的负反应性再次被旋转鼓累积引入的反应性置零,反应堆总反应性为正,反应堆功率再次提升并加热堆芯。由于堆芯存在热容,堆内构件的温度变化存在弛豫时间,外部引入的正反应性与堆芯温度负反馈不同步。温度反馈的负反应性与旋转鼓引入的外部反应性在启堆的第二阶段处于竞争关系,反应性在 0 附近变化,并产生了图 6.30 中的多个功率峰。在此过程中,堆内热管持续加热并在约 8100 s 时空气布雷顿系统达到启动条件,热管冷凝段换热大幅增强,启堆第二阶段结束并进入第三阶段。

在第三阶段,控制鼓持续引入外部反应性,堆芯功率上升,热管与二回路布雷顿循环间换热逐渐增加。在功率上升阶段的 8500~9000 s,反应堆功率短暂超过了额定功率。在超功率情形,控制鼓将等速反转以减少引入的外部反应性,最终调节堆芯至额定满功率稳态,此时控制鼓停止转动,堆芯启堆结束。此时燃料均温为 706℃,基体均温为 673℃,布雷顿循环系统的热电转换效率约为 25%。

图 6.31 展示了堆芯反应性在启堆中的变化。其中,图 6.31(a)为堆芯总反应性、外部反应性、反馈反应性随时间的变化图像。外部正反应性由旋转鼓持续引入,而负反馈由于堆芯的热惯性存在延迟。外部反应性与负反馈反应性中和,使得堆芯总反应性一直在临界附近振荡并在最后启堆结束时稳定至临界状态(总反应性为 0)。图 6.31(b)展示了各反应性反馈分量随启堆过程的变化,包括多普勒效应和热膨胀效应等反馈效应。其中燃料的多普勒效应、基体的热膨胀效应、基体的多普勒效应在堆芯从冷态至热态过程中占据主导,分别占总反馈的 66%、21%、7%。

在旋转鼓匀转速引入反应性的启堆过程中,堆芯在第二阶段出现了多个功率峰,威胁了堆芯的控制和安全。通过改变旋转鼓的转速可改变外部反应性的引入速率,图 6.32 中显示功率峰值显著依赖于控制鼓的转速,当控制鼓转速从 0.1°/min 降低至 0.05°/min 时,启堆的首个功率峰峰值从 2000 kW 降至 1000 kW,但反应堆的启动时间也从 10000 s 显著延长至 18000 s。但在工业实践中,旋转鼓通过杠轴传动存在空程,且控制精度一般大于 0.1°/s。由于在低转速下旋转鼓的控制精度无法满足,低转速下的旋转鼓匀转速启堆存在控制上的难度。因此,6.3.2 节将讨论一种改进型的启堆模式。

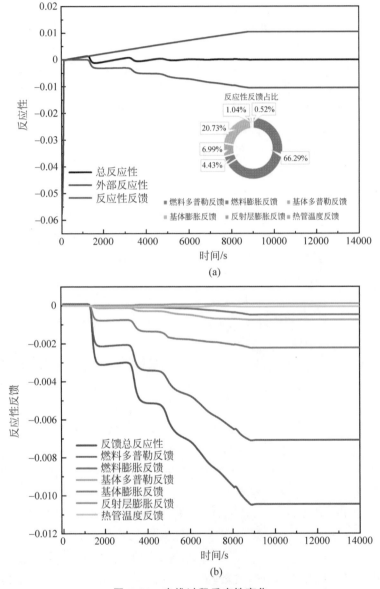

图 6.31　启堆过程反应性变化

(a) 反应性变化；(b) 反应性反馈各分量变化

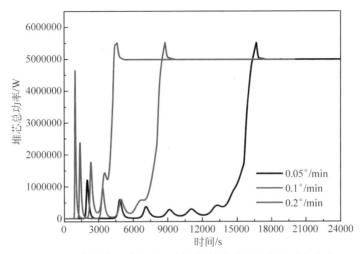

图 6.32　启堆第二阶段中不同控制鼓转速下堆芯热功率变化

6.3.2　旋转鼓间隔转动下的启堆输热分析

旋转鼓匀速旋转启堆方式在控制精度上存在限制,因此本节将启堆中旋转鼓的转动模式改为间隔转动,在单次间隔转动中引入一定量的反应性。以单次引入 30 pcm 反应性为例,在堆芯内功率稳定并达到热平衡后接续转动,逐步引入外部反应性并将堆芯功率提升至热态满功率。堆芯内热平衡和功率稳定的判断标准是堆内各区域平均温度变化小于 5 K/min,同时堆芯功率变化幅度小于 2%/min,该判断标准将直接影响间隔引入反应性过程中旋转鼓的等待时间。

图 6.33 展示了反应堆热功率与电功率、燃料温度与基体温度在启堆过程中的变化。在每次旋转鼓间隔转动后,反应堆热功率和温度稳步抬升。如图 6.34 所示,外部反应性始终与堆芯负反馈的反应性平衡。堆芯总反应性在临界附近变化,其波动幅度约为 ± 55 pcm,波动周期约为 1000 s,分别是旋转鼓匀速转动启堆过程(图 6.31(a))的总反应性波动幅度的 2/3、波动周期的 1/2。因此,堆芯功率略有波动但总体变化平稳。

图 6.35 展示了典型区域(区域 1、区域 6、区域 11、区域 16)、反射层以及空气布雷顿循环换热器等处温度和径向热流随启堆过程的变化。图 6.35(a)中显示,各区域升温过程近似线性,反应堆运行平稳。图 6.35(b)是旋转鼓间隔转动启堆过程中不同区域间的径向热流随时间变化的图像。由于区域 1 与区域 2 的温差小,两个区域间几乎无径向传热。而区域 6 与区域 7、区域 11 与区域 12 间在 20000 s 前径向传热热流上升。此时热管冷凝段逐渐启

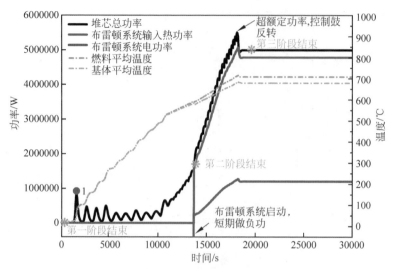

图 6.33　旋转鼓间隔转动启堆过程中反应堆功率和温度的变化

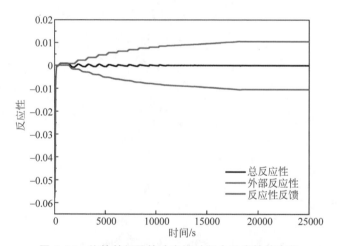

图 6.34　旋转鼓间隔转动启堆过程中反应性的变化

动,堆芯轴向传热增强,区域间的径向热流降低。热管内在 20000 s 时建立连续流动并完全启动,堆芯内轴向传热占据主导,堆芯内径向传热至环境的漏热量约 33 kW。

图 6.36 展示了启堆过程中热通道所在区域(区域 1)内热管蒸发段、绝热段、冷凝段的温度分布变化。在最初的 3000 s,堆芯持续输入热量至蒸发段,加热并熔化内部工质,由于此时的热管内气体温度仍低于连续流动转捩温度(约 450℃),管内蒸气未形成连续流动,因此蒸发段、绝热段与冷凝段

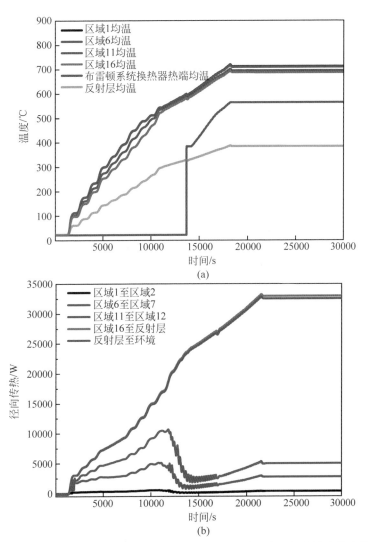

图 6.35　旋转鼓间隔转动启堆过程中堆芯内各区域温度和径向热流的变化

（a）各区域均温；（b）区域间径向热流

无法通过蒸气流动有效传热,绝热段与冷凝段仅因蒸发段壁面热传导来的少量热流被加热,温度略有抬升,但保持在较低的温度水平。在约 9000 s,蒸发段内蒸气达到了气体连续流动的转捩温度,形成了温度锋面并向绝热段和冷凝段推进。在约 13500 s,开式空气布雷顿系统开始运转并导致热管冷凝段换热增强。在空气布雷顿循环启动期间,由于热管输热与载热的短暂适配不平衡,冷凝段温度骤降约 200℃。随后,随着堆芯功率提升,热管蒸发段热流密度增加,冷凝段重新升温直至稳定。

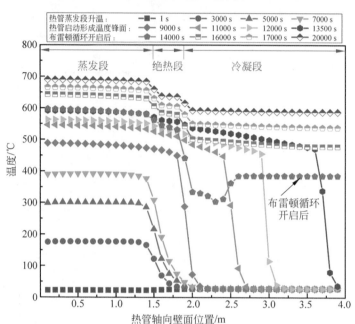

图 6.36　启堆过程热管冷态启动与温度变化(区域 1)

　　旋转鼓间隔转动单次引入不同反应性时的堆芯功率变化敏感性如图 6.37 所示,包括 10 pcm、30 pcm 和 60 pcm 三种情形。单次引入反应性为 60 pcm 时,堆芯的启堆时间由 18000 s 缩短至 14000 s。与之对应,启堆过程中最大功率峰为 1.3 MW,该值是单次引入 30 pcm 启堆过程的 1.5 倍。若旋转鼓间隔转动,单次引入 10 pcm,启堆时间将大幅度延长至 28000 s。

　　在旋转鼓间隔转动启堆过程中,堆芯功率峰和功率振荡均远小于旋转鼓匀转速启堆。在旋转鼓间隔转动启堆方案中,减小单次引入的反应性可减小在堆芯启堆初期的功率波动,但同时也将导致启堆时间的延长。综合考虑堆芯的功率波动和启堆时间,单次 30 pcm 间隔转动旋转鼓的启堆方式是相对较优的启堆方案。

　　启堆结束后,热管堆运行至稳定状态,图 6.38 展示了稳定运行工况下热管堆内的径向温度分布。堆芯内温度分布相对平坦且均大于 680℃。堆芯与反射层间存在气隙,此处温度梯度最大,下降了约 150℃。反射层外侧的径向漏热为 31.6 kW,约为堆芯额定功率的 0.6%。因此,在热管稳定运行时,反应堆产生的大部分热量是由热管轴向导出的。

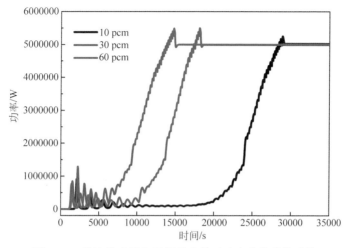

图 6.37　单次转动引入不同反应性时功率变化的敏感性

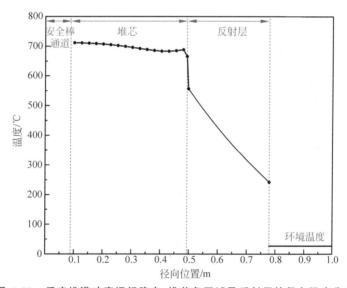

图 6.38　反应堆满功率运行稳态,堆芯各区域及反射层的径向温度分布

图 6.39 展示了堆芯满功率稳态时的堆芯温度、应力与功率分布。其中图 6.39(a)为堆内热通道区域(区域 1)内单个通道的轴向温度分布和功率分布图。由图知,温度和功率分布由于上下反射层厚度差异而存在一定的不对称性,同时靠近下反射层的燃料由于中子的反射效应存在局部功率集中的现象。热通道区域内燃料中心温度为 748℃,基体峰值温度为 695℃。图 6.39(b)展示了堆芯满功率稳态时,热通道区域内单个通道的径向温度分布和等效应力分

布。燃料中心与燃料壁面温差为 30℃,基体内外壁温差为 11℃,气隙处温差达到 23℃。燃料等效应力的峰值出现在靠近气隙的外壁面位置,约 43.6 MPa,基体等效应力范围为 23.1～31.8 MPa。图 6.39(c)和图 6.39(d)为热通道区域内单个通道内的温度和等效应力云图,更加直观地展示了通道内从燃料中心至热管在径向和轴向上的温场变化趋势以及基体和燃料应力集中的区域。

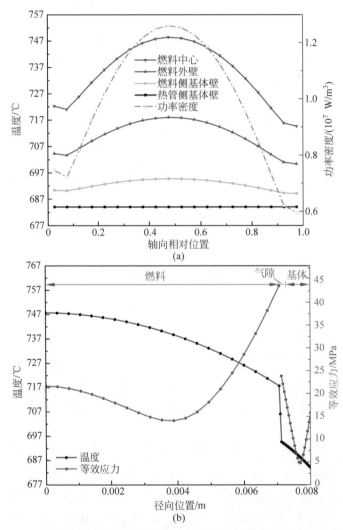

(a)

(b)

图 6.39　堆内热通道区域(区域 1)内单个通道的温度、等效应力与功率分布

(a) 轴向温度分布和功率分布；(b) 径向应力分布和温度分布；

(c)温度分布云图；(d) 等效应力分布云图

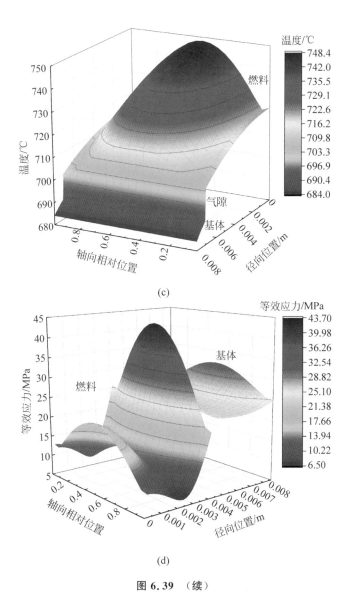

图 6.39　（续）

图 6.40 给出了燃料和基体的环向应力、轴向应力和径向应力分布，由于燃料环向拉应力、轴向拉应力大，因此燃料外侧易发生开裂。而基体在靠近燃料侧受到的环向、轴向拉应力较大，在基体内部受到的环向、轴向压应力较大，但均远小于基体材料的屈服强度（约 100 MPa[158]）。

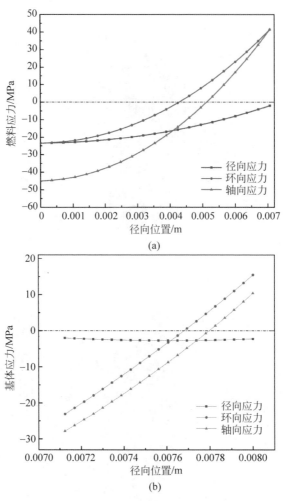

图 6.40　燃料和基体应力分布情况

（a）燃料；（b）基体

图 6.41 展示了堆内不同区域的热管轴向温度分布情况。其中热通道所在的区域 1 内的热管运行温度最高；由于径向反射层的中子反射导致功率局部峰值，边通道所在的区域 16 内的热管温度并非最低，热管运行温度最低的通道出现在区域 14 内。不同区域间的热管运行温度（绝热段均温）最大差异为 14℃。不同区域热管的蒸发段温度差异稍大（22℃），而冷凝段的温度差异小于 6℃，这是因各区域热管蒸发段输入功率不同但冷凝段换

热相近所导致的。而对于单根热管,热管的蒸发段、冷凝段平均温度相差约110℃,热管绝热段两侧的温度梯度最大。

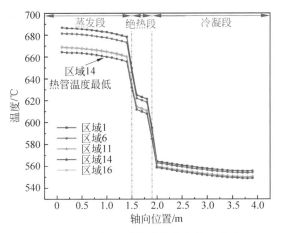

图 6.41　不同区域热管的轴向温度分布

6.4　热管温度振荡对热管堆输热特性影响分析

碱金属热管存在间歇沸腾、干涸振荡等运行不稳定现象,这些现象均可导致热管壁面温度的波动。由于热管与堆芯及热电转换系统直接耦合,热管运行温度的波动将威胁反应堆的稳定运行。本节以间歇沸腾振荡的温度波动为例,分析热管温度振荡过程对堆芯稳定运行的影响。

根据第 4 章中钠热管实验测得的间歇沸腾温度振荡波形,使用幂函数刻画该温度波动形式:

$$\begin{cases} A_1(h) = \begin{cases} A_{1,\max} \dfrac{h}{H} \left(\dfrac{t}{\alpha T} \right)^{\beta}, & t < \alpha T \\[2mm] A_{1,\max} \dfrac{h}{H} \left(\dfrac{T-t}{(1-\alpha)T} \right)^{\gamma}, & t > \alpha T \end{cases} \\[8mm] A_{\mathrm{v}} = \begin{cases} A_{\mathrm{v},\max} \left(\dfrac{t}{\alpha T} \right)^{\beta}, & t < \alpha T \\[2mm] A_{\mathrm{v},\max} \left(\dfrac{T-t}{(1-\alpha)T} \right)^{\gamma}, & t > \alpha T \end{cases} \end{cases} \tag{6-30}$$

式中,A_1 为热管液池区对应管壁位置的温度振幅,随液位高度 h 的增加而降低;H 是液池区域的最大高度;A_v 为热管非液池区对应管壁位置的温度振幅;$A_{l,max}$ 和 $A_{v,max}$ 分别为对应的最大温度振幅;α 是液池区对应管壁温度振荡的上升沿在单周期波形内的比例;β 和 γ 为幂函数系数,根据实验测得的波形 β 和 γ 分别取 0.5 和 1;T 为间歇沸腾振荡周期,t 为当前时刻对周期取余数所得时间,因此 $t \in [0, T]$。

　　由图 6.41 知,在 MegaPower 热管堆达到热态满功率稳态时,不同区域内的热管运行温度范围是 610~620℃。参照钠热管实验中测得的热管间歇沸腾振荡数据设定热管温度振荡的基本参数,设定振荡周期为 60 s,液池高度占据蒸发段的 1/4,且液池区和非液池区对应热管壁面温度最大振幅分别为 70℃和 10℃。

　　图 6.42 展示了热管间歇沸腾工况堆芯的功率变化。在 100 s 时刻,热管发生间歇沸腾。由于间歇沸腾热管存在空泡效应,热管会引入少量的正反应性,使得堆芯功率上升,而后由于堆芯多普勒效应等负反馈产生的反应性使得堆芯重新回到了临界附近,功率呈现先上升后下降至稳定的变化趋势。而后,堆芯仍受热管周期性温度波动的影响,以 60 s 振荡周期、25 kW 的功率振幅波动。

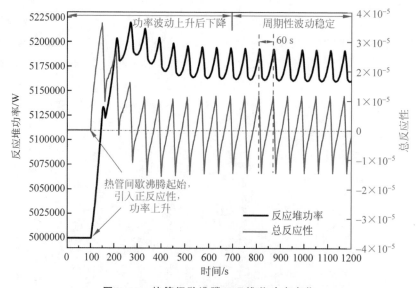

图 6.42　热管间歇沸腾工况堆芯功率变化

　　图 6.43 为堆芯重新恢复稳定输热时热通道区域(区域 1)的热管、基体和燃料运行温度随时间的变化图。其中,图 6.43(a)展示了热管蒸发段壁面温度波动情况,液池影响区域覆盖了距离蒸发段底部 0~0.375 m 的热管壁面,其波动随高度升高逐渐降低,以距离蒸发段底部高度 0.15 m 位置为例,该处壁面温度波动幅度达 60℃。而在距离蒸发段底部 0.375 m 高度以上的非液池区域,壁面温度以 10~12℃ 的振幅波动。

　　图 6.43(b)展示了靠近燃料侧的基体壁面温度波动情况,由于基体具有一定热惯性,部分抑制了热管温度振荡的影响,但仍以 47℃ 左右的振荡幅度波动(高度 0.15 m 处),而在高度大于 0.375 m 的区域,振荡幅度为 9℃ 左右。图 6.43(c)和图 6.43(d)展示了燃料外壁和燃料中心位置的波动情况,热管温度波动的影响进一步衰减,在 0.15 m 高度位置,振幅由 30℃ 降低至 22℃。

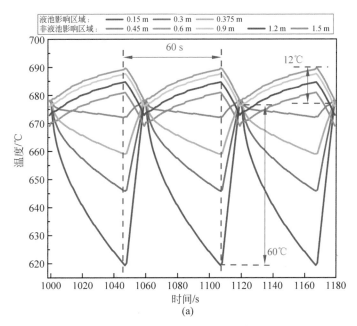

图 6.43　热管间歇沸腾工况下堆内温度振荡(区域 1)
(a) 热管外壁面;(b) 靠近燃料侧的基体壁面;
(c) 燃料外壁面;(d) 燃料中心

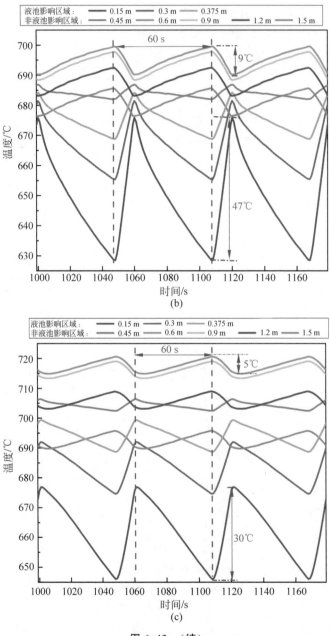

图 6.43　（续）

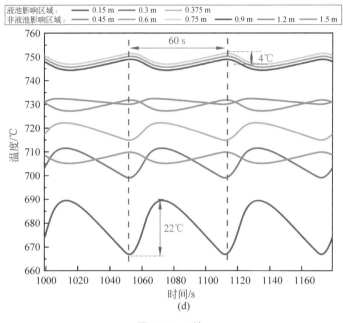

图 6.43　（续）

温度振荡对堆内固态构件的应力同样存在影响，如图 6.44 所示，燃料和基体的峰值应力均以约 6 MPa 的振幅与温度同频振荡。在热管堆的长寿期运行过程中，该应力振荡有可能加剧材料的热疲劳导致结构失效，威胁堆芯安全。因此热管堆的温度振荡应予以避免。

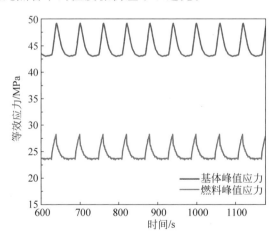

图 6.44　热管间歇沸腾工况下堆内应力振荡（区域 1）

　　对振荡参数中的振荡周期进行敏感性分析,设置振荡周期为前述周期的 1/4,即 15 s。考察基体、燃料的温度波动情况,如图 6.45 所示。周期变

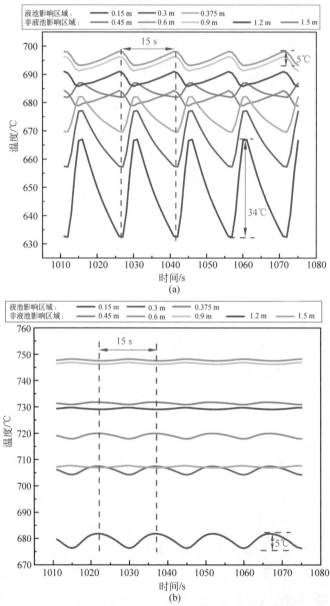

图 6.45　基体和燃料的温度波动情况(热管温度振荡周期为 15 s)

(a)靠近燃料侧的基体壁面;(b)燃料中心

短后,燃料和基体的温度振荡幅度明显降低。对比前述振荡工况,燃料温度振荡周期降低了 3/4,振荡幅度也相应降低了约 3/4。因此,长周期的热管温度振荡更易将温度波动传递至燃料芯块;而高频的热管温度振荡可被堆芯热容吸收,其影响得到缓解。

6.5　热管失效事故下反应堆输热特性研究

受工艺失效、腐蚀、不凝气体或运行偏差等因素的影响,热管存在一定的失效概率,因此在热管堆的运行寿期内,可能在局部发生热管失效事故。局部热管的失效将导致失效区域温度骤升。同时,失效区域的热量将由相邻热管导出致使相邻热管的热负荷提升,而一旦该热负荷超过相邻热管的毛细极限,可能诱发热管的区域失效,乃至级联失效。因此,局部热管失效事故通常被认为是热管堆的基准事故之一,而级联热管失效事故通常被认为是热管堆的严重事故之一[43]。

本节针对兆瓦级热管堆 MegaPower 反应堆,开展局部热管失效和级联热管失效事故分析。

6.5.1　局部热管失效事故反应堆输热分析

当某一区域的少量热管失效时,该区域及相邻区域的传热与结构应力将受直接影响。根据热管堆的径向功率分布情况,热通道区域(区域 1)的热管载热量最大,失效风险较高,本节研究该区域热管失效事故后的反应堆输热特性。

图 6.46 展示了事故发生后全堆反应性和功率随时间的变化情况。区域热管失效后,由于该区域及相邻区域的燃料、基体温度升高,在温度负反馈等效应下,引入一定的负反应性。不同反馈下反应性随时间的变化曲线如图 6.46(a)所示。事故初期,燃料的多普勒反馈、基体的膨胀反馈引入的负反应性占主导;由于负反应性的引入,全堆功率开始降低;事故后期,由于全堆功率下降,全堆燃料平均温度降低,燃料多普勒反馈变为正值,而基体平均温度升高,基体膨胀反馈在负反应性中占主导。最终在事故发生后的 1000 s 时,堆芯达到新的稳态。

图 6.47 展示了局部热管失效事故各区域温度随时间的变化情况。在事故发生的零时刻,失效区域内基体和燃料芯块的温度迅速提升,且基体温升速率和幅度大于燃料芯块(图 6.47(a))。在达到稳态时,失效区域中基体的峰值温度与燃料峰值温度基本相等。此时,燃料中心温度为 961℃,仍

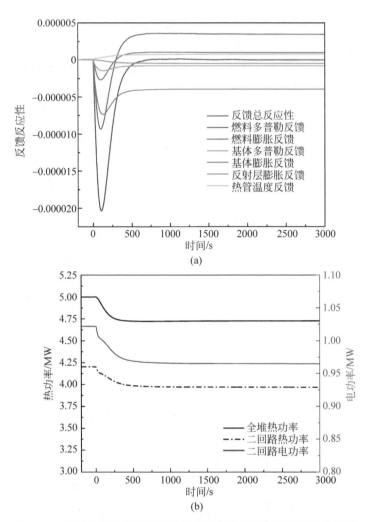

图 6.46　局部热管失效事故发生后反应性及功率随时间的变化情况

(a) 反应性；(b) 反应堆功率

远低于燃料的熔点温度(约 2830℃)。失效区域的燃料释热量热传导至相邻区域,并被相邻区域的热管导出。相邻区域热管的载热量从 4.65 kW 增至 6.74 kW,运行温度也提升了 42℃。图 6.47(b)展示了失效过程中相邻热管运行温度、载热量和传热极限随时间的变化。单热管失效前后,相邻热管的载热量始终小于该运行温度下的热管毛细极限(10 kW),且仍具有较大的载热裕量。图 6.47(c)和图 6.47(d)展示了局部热管失效事故前后全堆平均温度及各通道平均温度的分布情况。可见局部热管失效事故主要

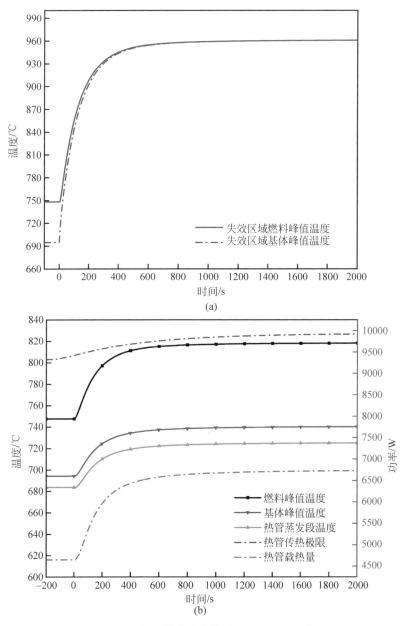

图 6.47　局部热管失效事故过程中堆芯温度变化

（a）失效区域（区域 1）；（b）失效相邻区域（区域 2）；

（c）全堆平均温度；（d）全堆温度分布变化

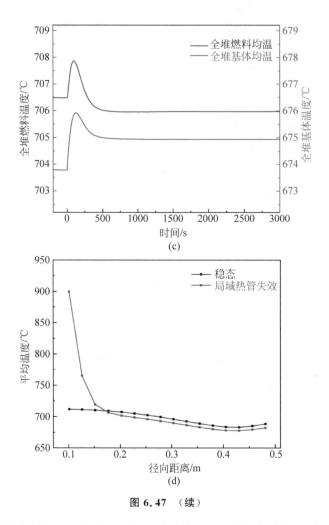

图 6.47　（续）

对失效区域（区域 1）及相邻区域（区域 2）的运行状态有较大影响；对区域 3
的影响迅速衰减；而对于径向距离更远的其他区域，除因全堆功率降低导
致的温度小幅下降外，几乎不受影响。因此该热管失效的影响限定在局部
区域，对反应堆的整体运行状态影响有限。

　　图 6.48 是局部热管失效后失效区域及其相邻区域的燃料、基体应力变
化曲线。失效区域内的通道燃料由于热阱丧失，燃料整体升温，内部温度梯
度减小，应力值减小；基体由于与相邻基体的温度梯度较大，其应力值从
32 MPa 迅速增加至 850 MPa，存在应力屈服的风险。相邻区域受失效区
域影响，载热量增加，整体温度升高，燃料峰值温度增加约 70℃，基体峰值

温度增加约 40℃。燃料应力和基体应力最终稳定在 65 MPa 和 39 MPa,对比正常运行工况分别增加约 50％和 20％。

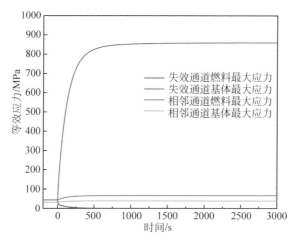

图 6.48　失效区域及其相邻区域内燃料和基体应力变化曲线

因此,在局部热管失效事故发生后,失效区域的最大温升约为 213℃,失效相邻区域的最大温升约 71℃,均仍在堆芯材料限值温度以内。但失效区域的基体应力在热管失效后显著增加,存在堆芯结构完整性失效的风险,应予以关注。

6.5.2　级联热管失效事故反应堆输热分析

6.5.1 节分析的热管失效事故中,失效区域和失效相邻区域受到直接的影响,失效相邻区域内的热管载热量虽显著提升,但其输热量仍低于毛细极限,因此失效区域未进一步扩张,该事故的影响主要限定在局部区域。但在系统撞击、地震冲击、工艺共模失效等极端事故情形,堆内热管可能出现整体性失效。在该事故下,反应堆热管无法轴向输热,堆芯余热完全由固体堆芯自身热传导并通过反射层向环境散热。

在级联热管失效事故发生的零时刻,设置热管蒸发段壁面为绝热温度条件,热管丧失输热能力,此时堆芯温度异常上升。假设在级联热管失效发生后的 $t=5$ s 时停堆系统响应,安全棒在 2 s 内插入堆芯并均匀引入 5000 pcm 的负反应性,反应堆达到次临界,堆芯裂变功率迅速下降,而堆芯衰变功率将随时间变化。

图 6.49 展示了事故发生后,堆芯裂变功率、衰变功率和堆芯漏热随时

间的变化趋势。堆芯温度在事故发生后上升,在系统停堆触发前的 5 s 内,
堆芯负反馈的反应性约为 -6 pcm(图 6.50),堆芯总功率下降了 4%。在
安全棒插入完成后,堆芯裂变功率迅速衰减。此时衰变热是主要的堆芯余
热来源,并在长时间内保持约 10^4 W 量级。在 18560 s 前,反应堆燃料、基
体温度持续增加,由于多普勒效应和膨胀效应引入的负反馈反应性约为
-134 pcm。在 18540 s 时,反射层向环境的漏热率超过了堆芯衰变释热
率;堆芯温度随后开始下降。图 6.51 展示了燃料芯块和基体的峰值温度
及平均温度随时间的变化。在级联热管失效后 30 s 内,基体温度迅速上升
并接近燃料芯块温度,随后与燃料芯块近似同速率升温。

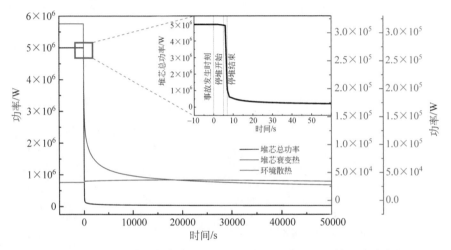

图 6.49　级联热管失效事故后堆芯裂变功率、衰变热及环境散热的变化

在约 18900 s 时,反射层向环境的漏热率大于堆芯衰变热。460 s 后热
通道区域(区域 1)内的燃料芯块和基体达到最大温度并开始缓慢下降,峰
值温度约为 907℃,该温度仍小于燃料芯块与基体的熔点。

基体的峰值应力在该事故过程中的变化如图 6.52 所示,在级联热管失
效发生后,基体等效应力随堆芯温度增加而迅速增加。在约 18900 s 时,区
域 1 和区域 6 内的基体峰值等效应力超过了 600 MPa,区域 11 的基体峰值
等效应力超过了 450 MPa,该值已超过了基体材料的屈服强度。但要指出
的是,本书的力学本构方程采用了弹性假设,而此时基体已发生塑性变形,
弹性假设失效,实际的等效应力应小于计算值。但基体发生塑性变形后不
可恢复,仍将严重威胁堆芯完整性,因此级联热管失效事故风险主要来源于
对堆芯材料应力限值的挑战。

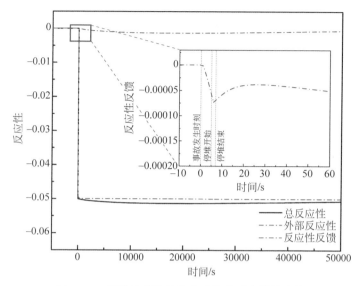

图 6.50　级联热管失效事故后堆芯反应性的变化

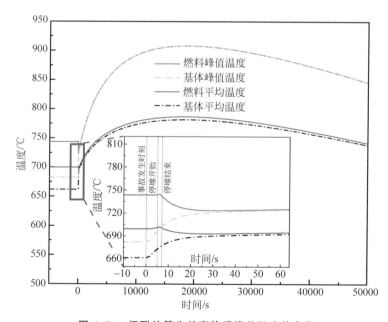

图 6.51　级联热管失效事故后堆芯温度的变化

　　改变反射层与环境间的对流换热系数,研究在级联热管失效后堆芯安全性能对对流换热系数的敏感性。表 6.6 给出了当停堆延迟时间为 5 s,在

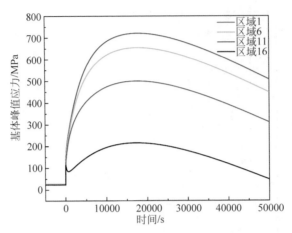

图 6.52　级联热管失效后基体峰值应力随时间的变化

不同对流换热系数下,燃料芯块峰值温度、峰值温度时刻、反应性反馈和反应堆散热大于堆芯余热时刻等参数。图 6.53 显示,燃料芯块的峰值温度和燃料芯块达到峰值温度的时间均随对流换热系数的增加而下降。对流换热系数小于 100 W/(m² · K)时,对流换热系数将显著影响停堆后的峰值温度和峰值温度到达时间;但对流换热系数大于 500 W/(m² · K),进一步增强环境与堆芯间的换热依然可以降低停堆后的峰值温度,但促进堆芯散热的效果减弱。

表 6.6　对流换热系数对级联热管失效事故的影响

对流换热系数 /(W/(m² · K))	燃料峰值温度/℃	峰值温度时刻/s	最大反应性反馈	反应堆散热率超过堆芯释热率时刻/s
20	908	约 18900	−0.00134	约 18540
100	869	约 10750	−0.00070	约 8160
500	862	约 9630	−0.00061	约 6840
5000	860	约 9400	−0.00059	约 6580

改变堆芯停堆信号延迟时间,研究在级联热管失效发生后堆芯安全性能延迟时间的敏感性。表 6.7 给出了在反射层与环境间的对流换热系数为 $h = 20$ W/(m² · K)时,在不同停堆延迟时间下,燃料芯块峰值温度、峰值温度时刻、反应性反馈和反应堆散热大于堆芯余热时刻等参数。图 6.54 显示,燃料芯块的峰值温度随停堆延迟时间的延长而升高,而燃料芯块达到峰值温度的时间随着停堆延迟时间的延长而减少。停堆延迟时间 $t = 5$ s 和 $t = 50$ s 之间的峰值温度差异为 59℃。当停堆延迟时间从 5 s 增加至 500 s

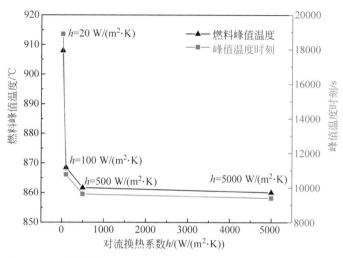

图 6.53　对流换热系数对峰值温度和峰值温度达到时间的影响

时,燃料的峰值温度增加约 135℃。因此随着停堆延迟时间的延长,燃料的
峰值温度增加变缓。当停堆延迟时间增加时,堆芯升温,反馈的反应性绝对
值增加,反应性反馈对于堆芯安全特性的作用逐渐体现。

表 6.7　停堆延迟时间对级联热管失效事故的影响

停堆延迟 时间/s	燃料峰值 温度/℃	峰值温度 时刻/s	最大反应 性反馈	反应堆散热率超 过堆芯释热率时刻/s
5	908	约 18900	−0.00134	约 18540
50	967	约 15930	−0.00202	约 15110
100	1004	约 14180	−0.00239	约 14900
500	1043	约 13140	−0.00287	约 13000

　　进一步考虑一类特殊情况——在级联热管失效事故发生后,安全棒卡
棒。此时由于安全棒无法向堆芯引入负反应性以使堆芯及时停堆,堆芯需
要完全依靠固有属性应对级联热管失效事故。图 6.55 展示了堆芯运行状
态随时间的变化。在事故发生后,由于安全棒等堆芯控制手段丧失,堆芯温
度急剧上升。同时,堆芯温度上升带来的负反应性反馈使得堆芯功率迅速
下降,一定程度上遏制了堆芯温度进一步上升。在约 710 s,裂变功率在反
应堆自身反馈作用下衰减至 1 kW 以内,此后衰变热是反应堆余热主要来
源。在事故发生后,固态堆芯将部分热量热传导至反射层外侧,并通过自然

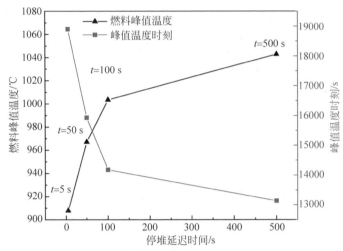

图 6.54 停堆延迟时间对峰值温度和峰值温度达到时间的影响

对流的方式向环境散热。在约 12900 s 时,反射层向环境的散热量大于衰变热,此时堆芯基体和燃料温度达到峰值(1045℃)后开始下降。该峰值温度低于不锈钢基体的熔点(约 1380℃)和燃料芯块二氧化铀的熔点(约 2865℃),因此不存在熔毁风险。但事故后的基体峰值应力超过了 1000 MPa,该值已远大于材料的屈服强度,因此基体结构失效是该事故情形的瓶颈因素。

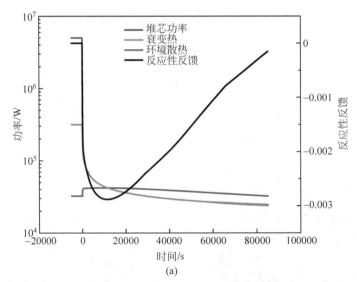

图 6.55 级联热管失效后发生安全棒卡棒,堆芯运行状态随时间的变化
(a) 反应性与功率;(b) 峰值温度与应力

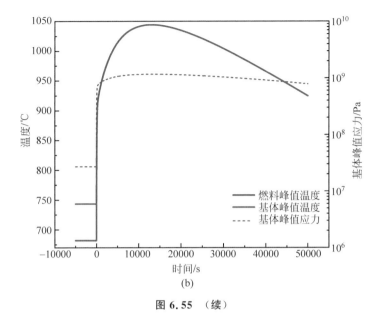

(b)

图 6.55　（续）

6.6　本 章 小 结

本章基于丝网芯钠热管输热模型,结合热管堆紧凑型固态堆芯的多物理场耦合特性,建立了热管堆系统耦合分析方法。对热管启动、热管振荡、传热极限热管失效等特殊现象对热管堆系统启堆与运行过程中的堆芯中子物理、热工和力学的影响规律与演变特性进行研究。研究表明:

（1）热管存在冷态熔化、连续流动区域延扩、连续流动循环建立三个过程,该动态特性对反应堆的启动过程影响显著。堆芯启动时间和最终功率对旋转鼓反应性引入速率敏感。本章还比较了控制鼓匀速转动和间隔转动引入外部反应性启堆的堆芯中子物理、热工、力学时空演变过程,研究表明,控制鼓间隔转动启堆运行更为平稳。综合考虑堆芯的功率波动和启堆时间,单次 30 pcm 间隔转动旋转鼓的启堆方式是相对较优的启堆方案。

（2）在堆芯启堆过程中,可能发生热管温度振荡现象。热管间歇沸腾过程导致基体在热管侧的表面温度有同幅度的振荡。由于基体存在热容,可有效抑制热管温度振荡对于燃料状态的影响。但热管温度振荡仍可能导致基体热疲劳,需要加以避免。

（3）在热管发生毛细极限等特殊工况下,将发生局部热管失效。研究表明,局部热管失效将导致失效区域周围的热管载热提升,但热管仍有较大的载热裕量。而堆芯在发生级联热管失效时,即使在最恶劣的安全棒卡棒情形,MegaPower 热管反应堆仍可通过堆芯固有的反应性反馈自发降功率运行,同时通过固态堆芯径向导热将衰变热导出。研究表明,局部热管失效事故和级联热管失效事故中,基体与燃料的最高温度均未超限值,但不锈钢材料的基体将发生应力屈服;应力限值是热管失效事故下堆芯安全的瓶颈性问题。

第7章　总结与展望

7.1　总　　结

碱金属热管是热管堆的核心输热元件。从微观角度看,毛细芯是热管的输热动力来源;从宏观角度看,碱金属热管的输热特性对堆系统性能起到决定性作用。本书围绕碱金属热管开展了毛细芯、碱金属热管、热管堆系统三个不同尺度的研究工作,具体以丝网芯钠热管为研究对象,从丝网芯毛细流动机理出发,结合实验研究,建立钠热管输热模型,从而解析热管内的毛细循环规律与热质输运特性,并构建从热管到反应堆系统输热的分析方法。本书内容总结如下:

(1) 开展了丝网芯毛细动力学实验,研究了钠在不同温度与不同丝网结构下的毛细流动特性。研究表明,钠在不锈钢丝网内存在浸润性转捩现象,转捩温度约为 $400℃$。在浸润后,钠在丝网内的毛细力主要受丝网目数和表面张力系数的影响,丝网的渗透率主要受丝网间距影响。同时,单层丝网内钠毛细浸润可视化实验表明,丝网芯毛细力和输热过程存在耦合影响。

在此基础上,本书针对丝网芯毛细输热的跨尺度物理特征,建立了毛细边界层理论。以此为基础,考虑边界层内分离压力的作用和边界层外丝网复杂交错几何的影响,最终建立了丝网芯毛细输热理论模型。利用该模型对比分析了钠工质和低温工质间毛细输热的差异,并研究了丝径与孔径、工质液位高度等参数对毛细力、蒸发输热等过程的影响机制。从理论角度揭示了碱金属热管在一定热流范围内可通过调节丝网芯内液位高度实现毛细循环输热的自稳调节;但由于丝网芯的毛细力随液位高度的变化存在拐点,因此在自稳调节区间外的高热流密度区间,丝网芯将快速干涸。

丝网芯毛细动力学实验及理论研究揭示了碱金属热管内毛细输热机理,为进一步的碱金属热管模型建立奠定了基础。

(2) 在丝网芯毛细输热理论的基础上,结合热管内气液两相流场的动量、能量和连续性方程,本书构建了碱金属热管全流场分析模型。同时,搭建了热管空气自然冷却和强迫循环冷却条件的实验台架,研究了钠热管启动和毛细极限等瞬态输热特性,并根据实验结果划分了热管启动、间歇沸腾与毛细极限等热管运行不稳定性边界。实验表明,热管在正倾角运行过程中存在间歇沸腾导致的温度振荡,其周期和幅度受热流密度和倾角的影响,振荡周期的变化范围为 $35 \sim 90$ s,振荡幅度的变化范围为 $40 \sim 60$℃。同时,该振荡现象会随着热管输入热流密度的提升而消失。

而当热管输入热流密度进一步提升时,热管将遇到毛细传热极限。本书研究了高热流密度、高加热速率、负倾角、正倾角四种工况下的钠热管毛细极限瞬态物理过程。实验表明,毛细极限现象的特征是蒸发段端部温度迅速上升($2 \sim 10$℃/s),而其余位置温度略微下降。高热流密度是毛细极限发生的重要诱因,但对于启动过程中的热管,在热流密度较低但加热提升速率过高时,仍可能出现毛细极限。在不同倾角情形,受重力影响,热管的毛细极限临界热流密度会随倾角改变,且在正倾角条件下,热管会在毛细极限前出现温度振荡现象。毛细极限发生后,蒸发段热流密度需要下降至毛细极限临界热流密度的 70%,才能使热管恢复正常工作状态。

钠热管实验数据也为本书中碱金属热管输热模型的验证提供了条件。针对钠热管启动、升降功率等瞬态工况以及不同换热边界的稳态工况,模型预测值和实验值误差基本在 20℃ 以内。在 $-10°$、$0°$、$90°$倾角工况,模型预测的毛细极限临界热流密度与实验测量值的相对误差在 6% 以内,验证了模型的准确性。

结合实验与模型,本书揭示了钠热管的稳定输热机制和毛细极限等运行不稳定性的瞬态演变机理,总结了热管的稳定运行边界以及如何避免和应对热管运行过程中毛细极限和温度振荡的发生。这为进一步分析热管堆输热特性提供了条件。

(3)在碱金属热管输热模型的基础上,结合热管堆紧凑型固态堆芯的多物理场耦合特性,建立了热管堆系统耦合分析方法。对热管启动、热管温度振荡和极限失效等特殊现象对热管堆系统启堆与运行过程中堆芯中子物理、热工和力学的影响规律与演变特性进行研究。研究表明,碱金属热管的启动过程影响了反应堆轴向输热效率,对堆芯的启动过程影响显著;堆芯启动时间和功率波动对旋转鼓反应性引入的速率敏感。

在热管出现间歇沸腾的反应堆运行工况时,热管壁温度振荡将导致基体温度和燃料温度同频振荡。由于基体存在热容,可一定程度抑制该振荡的影响,但温度振荡带来的基体应力振荡可能导致材料热疲劳,因此热管堆的稳定运行区间须避开热管的间歇沸腾区间。

　　在热管失效事故研究中,即使级联热管失效且安全棒发生卡棒,热管堆仍可通过堆芯固有的反应性反馈自发降功率运行,同时通过固态堆芯径向导热将衰变热导出。在该过程中,基体与燃料的最高温度均未超限值,但不锈钢材料的基体将发生应力屈服,因此材料应力限值是热管失效事故中威胁堆芯安全的瓶颈性问题。

7.2　创　新　点

　　本书的创新点包括:

　　(1) 建立了毛细边界层的理论,揭示了分子间作用力与表面张力在气液固三相接触位置的竞争机制,解决了微观分子间作用力尺度和宏观毛细液膜尺度的跨尺度耦合难题。从毛细边界层理论和丝网的特殊构型出发,建立了丝网芯毛细输热模型。结合模型与实验,分析并揭示了丝网芯的丝径和孔径、液位高度等因素对蒸发钠液膜毛细输热过程的影响机制。

　　(2) 建立了考虑丝网芯毛细输热机理过程的热管全流场分析模型,揭示了热管的冷态启动、温度振荡与毛细极限等运行不稳定性的内在机制。结合实验与理论研究,定义了热管高热流密度、高加热速率、正倾角、负倾角四种毛细极限类型;得到了碱金属热管间歇沸腾振荡和干涸振荡这两种振荡模式的特性规律。这为碱金属热管在反应堆内的使用划定了运行边界。

　　(3) 建立了热管堆核-热-力-电系统耦合分析方法,揭示了热管堆堆芯的动态响应特性与自稳调节等固有安全特性的内在机制,指出了威胁堆芯安全的瓶颈性问题。这为热管堆运行边界预测和堆芯失稳判定奠定了方法基础。

7.3　展　　望

　　本书是在清华大学和中国核动力研究设计院双方导师联合指导下完成的,研究的初衷也是希望能为热管堆研发工作提供理论基础。但热管堆从堆型概念设计到实体堆研发,仍有大量的理论、实验工作亟待完善。

　　在本书的研究基础上,建议后续开展的工作包括:

　　(1) 丝网芯内碱金属毛细输热机理过程涉及微观尺度,本研究进行了实验的初步探索,但直接测量的物理量仍是宏观物理量(质量、高度等),建议开展分子间作用力尺度的测量实验,进一步揭示该物理过程的动力学特征。

(2) 本研究中热管实验直接测量的物理量是温度,热管内部的压力、相分布等流场测量信息缺失。由于碱金属工质和管壳材料不透明,碱金属热管内部流场测量难度较大,建议后续实验开展射线、中子成像等穿透性测量实验,直接观察间歇沸腾、干涸振荡、毛细极限等热管运行失稳过程的时空演变特性。

附录 A   丝网芯阻力系数确定

丝网芯中存在大量丝网孔,在计算中若直接建立真实丝网几何将显著提升计算量,在以往计算分析时通常采用多孔介质模型简化丝网几何,并通过在流体域增加动量源项来体现丝网流动的阻力作用,此时等效黏性阻力系数和等效惯性阻力系数的确定尤为关键。

本节使用 ANSYS Fluent 模拟分析 50 目、200 目、400 目 5 层堆叠丝网内的流动过程,通过模拟得到不同质量流量下流体进出口压降、流速分布等信息,确定等效黏性阻力系数和等效惯性阻力系数。不同目数下丝网的几何尺寸如表 A.1 所示。丝网内流动工质为钠,堆叠丝网建模如图 A.1 所示。以丝网层与层间距为 2 μm 情形为例,模拟结果如表 A.2、表 A.3、表 A.4 所示。丝网其他结果参数下的阻力系数结果在本书第 5 章图 5.55 和图 5.56 中已给出,其计算流程类似,此处不一一列出。

表 A.1   不同目数下的丝网结构参数

丝网类型	目数	丝径/mm	孔径/mm	特征尺寸:(丝径+孔径)/2/mm	丝网层与层间距/μm
平织丝网	50	0.2	0.308	0.254	2
平织丝网	200	0.05	0.077	0.0635	2
平织丝网	400	0.018	0.0455	0.03175	2

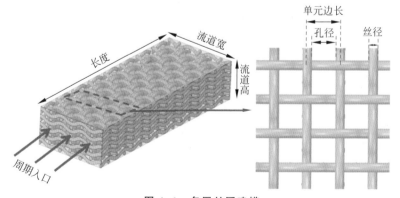

图 A.1   多层丝网建模

表 A.2　丝网芯(50 目)内速度与压降关系

速度/(m/s)	压降/Pa	等效惯性阻力系数 C/m^{-1}	等效黏性阻力系数 D/m^{-2} *
5.67×10^{-5}	0.57		
1.89×10^{-4}	1.89		
5.67×10^{-4}	5.68	6.45×10^{3}	8.86×10^{8}
1.89×10^{-3}	18.94		
5.67×10^{-3}	57.07		

＊等效黏性阻力系数的倒数为渗透率。

表 A.3　丝网芯(200 目)内速度与压降关系

速度/(m/s)	压降/Pa	等效惯性阻力系数 C/m^{-1}	等效黏性阻力系数 D/m^{-2}
9.10×10^{-5}	1.51		
3.02×10^{-4}	5.03		
9.10×10^{-4}	15.08	2.32×10^{4}	1.47×10^{10}
3.02×10^{-3}	50.29		
9.10×10^{-3}	151.03		

表 A.4　丝网芯(400 目)内速度与压降关系

速度/(m/s)	压降/Pa	等效惯性阻力系数 C/m^{-1}	等效黏性阻力系数 D/m^{-2}
5.00×10^{-4}	25.79		
1.66×10^{-3}	85.96		
1.66×10^{-2}	860.1	3.12×10^{4}	4.57×10^{10}
5.00×10^{-2}	2588		

附录 B　碱金属热管输热模型计算流程

碱金属热管输热模型计算包括温场、气相流场、液相流场、丝网芯毛细输热等物理过程的离散方程迭代求解流程。图 B.1 展示了一个时间步内的热管模拟流程。

1. 根据上一时间步计算结果更新计算区域边界条件,求解固相和液相区域能量方程、气相连续性方程和动量方程。根据界面热流连续性方程耦合气液界面,迭代得到收敛的固、液区域温度场、气相流场和气液界面热流量。

2. 求解液相连续性方程与动量方程,迭代得到稳定的液相流场。根据气、液相流场分别得到气、液相流动压降;根据热管尺寸及倾角计算丝网芯内工质流动的重位压降;通过丝网芯输热模型计算得该运行温度条件下的最大毛细压头。

3. 根据沿程阻力(流动压降与重位压降之和)与循环动力(不超过最大毛细压头)的平衡关系,判断毛细极限是否发生。若毛细极限不发生,则此时毛细力匹配为各压降之和;若毛细极限发生,则根据最大毛细压头和压强平衡关系计算该时刻丝网芯的干涸长度。根据毛细芯输热模型修正未干涸区域的气液界面蒸发面积,并进入下一时刻的热管模拟。

4. 重复上述 1～3 步,直至计算时间达到设定的最大模拟时间。

在热管冷态启动及热管停运过程中,还存在着工质的熔化和凝固过程。本书采用显热容法处理液相工质的熔化或凝固过程,具体计算流程如图 B.2 所示,记录液相网格中液态工质占所有工质的质量百分比及其状态(固态、液态、糊态),将熔化热的处理置入前述热管输热模型计算内的固相、液相能量方程求解流程中。

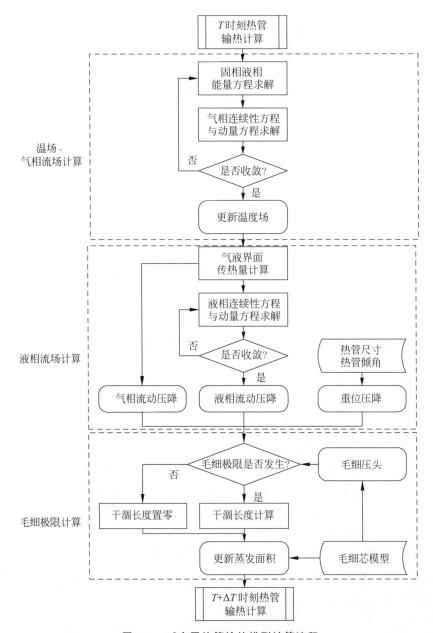

图 B.1　碱金属热管输热模型计算流程

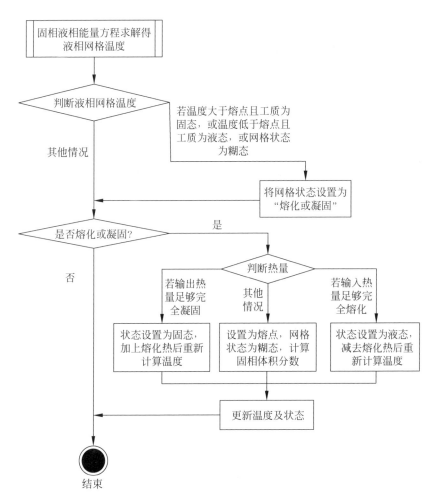

图 B. 2 工质熔化或凝固过程计算流程

附录 C 热管堆稳态核-热-力耦合 原理与计算方法

在实际的反应堆运行过程中,多个物理过程是同时进行的。热管堆区别于传统堆芯具有固态属性,热管堆中固态堆芯高温力学行为及其核、热、力的耦合效应是热管堆反馈特性等堆芯中子学特性的关键因素。此处针对热管堆稳态核-热-力耦合原理和计算方法进行论述。

C.1 核-热-力耦合控制方程

中子输运本征值方程为

$$(L + C - S)\phi - \frac{1}{k_{\text{eff}}}F\phi = 0 \tag{C-1}$$

其中,

$$
\begin{cases}
L\phi = \boldsymbol{\Omega} \cdot \nabla\phi(\boldsymbol{r}, E, \boldsymbol{\Omega}) \\[2mm]
C\phi = \sum_t (\boldsymbol{r}, E)\phi(\boldsymbol{r}, E, \boldsymbol{\Omega}) \\[2mm]
S\phi = \iint dE' d\boldsymbol{\Omega}' \sum_s (\boldsymbol{r}, E' \to E, \boldsymbol{\Omega}' \to \boldsymbol{\Omega})\phi(\boldsymbol{r}, E', \boldsymbol{\Omega}') \\[2mm]
F\phi = \frac{\chi}{4\pi}\iint dE' d\boldsymbol{\Omega}' v \sum_f (\boldsymbol{r}, E')\phi(\boldsymbol{r}, E', \boldsymbol{\Omega}')
\end{cases} \tag{C-2}
$$

式中,算符 L、S、C 和 F 分别代表泄漏项、散射项、吸收项和裂变项。

当考虑温度和热膨胀的反应性反馈影响时,中子输运本征方程为

$$\left[L(N,T,U) + C(N,T,U) - S(N,T,U) - \frac{1}{k_{\text{eff}}}F(N,T,U) \right]\phi = 0 \tag{C-3}$$

式中,$N(r)$ 是核素密度场,$T(r)$ 是温度分布,$U(r)$ 是热膨胀对应的位移场。对于静态几何情形,$U(r)=0$。引入算子 A 来表示考虑热力反馈的中子输运本征值方程:

$$A(N,T,U)\begin{bmatrix} \phi \\ k_{\mathrm{eff}} \end{bmatrix}$$

$$= \left[L(N,T,U) + C(N,T,U) - S(N,T,U) - \frac{1}{k_{\mathrm{eff}}}F(N,T,U) \right]\phi = 0$$

$$\text{(C-4)}$$

因此，中子通量 ϕ 由一个函数表示：

$$\phi = \phi(N,T,U) \tag{C-5}$$

温度、密度和热膨胀位移分布可用热平衡方程和力学平衡方程求解。力学平衡方程为

$$[M]\{\ddot{U}\} + [C]\{\dot{U}\} + [K]\{U\} = \{F\} \tag{C-6}$$

热平衡方程为

$$[C^t]\{\dot{T}\} + [K^t]\{T\} = \{Q\} \tag{C-7}$$

高温运行的固态堆芯中，温度载荷导致热膨胀；同时，燃料芯块、包壳和基体的热膨胀将反过来改变气隙，从而影响传热。因此，热工和力学是高度耦合的。本书中的热力耦合方程表示为

$$\begin{bmatrix} [M] & [0] \\ [0] & [0] \end{bmatrix}\begin{Bmatrix} \{\ddot{U}\} \\ \{\ddot{T}\} \end{Bmatrix} + \begin{bmatrix} [C] & [0] \\ [0] & [C^t] \end{bmatrix}\begin{Bmatrix} \{\dot{U}\} \\ \{\dot{T}\} \end{Bmatrix} + \begin{bmatrix} [K] & [0] \\ [0] & [K^t] \end{bmatrix}\begin{Bmatrix} \{U\} \\ \{T\} \end{Bmatrix}$$

$$= \begin{Bmatrix} \{F\} + \{F^{\mathrm{th}}\} \\ \{Q\} + \{Q^{\mathrm{ted}}\} \end{Bmatrix} \tag{C-8}$$

特别地，对于稳态和结构静力学问题，$\ddot{T}=0, \dot{T}=0, \ddot{U}=0, \dot{U}=0$。材料密度场由质量守恒方程确定：

$$\iint N\,\mathrm{d}V(U) = \iint N_0\,\mathrm{d}V(U) \tag{C-9}$$

同时，温度场和热膨胀是受功率分布 ψ 影响的。引入算子 M 来表示热力方程：

$$M(\psi)\begin{bmatrix} T \\ N \\ U \end{bmatrix} = 0 \tag{C-10}$$

式中，功率分布 ψ 与通量分布 ϕ 相关，如果只考虑裂变热，则与 $F(T)\phi$ 成正比。因此，方程(C-10)还可记为

$$M(\phi)\begin{bmatrix}T\\N\\U\end{bmatrix}=0 \tag{C-11}$$

将方程(C-5)中的 T,N,U 进行替换,得到

$$\phi=\phi(N(\phi),T(\phi),U(\phi)) \tag{C-12}$$

这表明稳态中子通量由温度、材料核素密度场和位移场决定,而这些场本身又由中子通量决定。因此,式(C-12)是一个非线性方程,记为

$$\boldsymbol{x}=E(\boldsymbol{x}) \tag{C-13}$$

其中 E 为表征核-热-力耦合的非线性问题的算符,其中 $\boldsymbol{x}$ 为

$$\boldsymbol{x}=[\phi^{\mathrm{T}},k_{\mathrm{eff}},T^{\mathrm{T}},N^{\mathrm{T}},U^{\mathrm{T}}] \tag{C-14}$$

求解该线性问题的一种常见方法是采用固定点迭代方法:

$$\boldsymbol{x}^{n+1}=E(\boldsymbol{x}^n) \tag{C-15}$$

对于核-热-力耦合,可以将核-热-力耦合算符进行算符分解,拆分为中子输运方程和热-力耦合方程进行迭代求解:

$$A(N^n,T^n,U^n)\begin{bmatrix}\phi^{n+1}\\k^{n+1}\end{bmatrix}=0 \tag{C-16}$$

$$M(\phi^{n+1})\begin{bmatrix}T^{n+1}\\N^{n+1}\\U^{n+1}\end{bmatrix}=0 \tag{C-17}$$

在迭代过程中,依赖于中子通量分布的功率分布传递到热力计算中,温度和密度从热力计算传递回中子输运计算。迭代上述过程至收敛。

上述过程为皮卡迭代求解的思路,其优点是允许迭代过程中采用分离的中子输运和热力耦合计算,并仅交换中子通量(功率)、温度、密度和位移,如式(C-16)和式(C-17)所示。使用皮卡迭代解决耦合问题最大的缺点是迭代振荡,并且不一定存在收敛解。抑制迭代振荡和改善收敛性的一个常用的方案是采用松弛因子来控制迭代过程中的变量更新,包括功率松弛和几何松弛:

$$\begin{cases}\psi^{n+1}=(1-\omega_{n,\psi})\psi^n+\omega_{n,\psi}\psi^{n+\frac{1}{2}}\\U^{n+1}=(1-\omega_{n,U})U^n+\omega_{n,U}U^{n+\frac{1}{2}}\end{cases} \tag{C-18}$$

式中,$\psi^{n+\frac{1}{2}}$ 和 $U^{n+\frac{1}{2}}$ 由 $E(x^n)$ 求解;$\omega_n\in(0,1]$。

C.2　核-热-力耦合的计算方法

核热力耦合计算采用蒙特卡罗中子输运程序 RMC、通用有限元分析软件 ANSYS Mechanical 和本书建立的热管模型进行耦合；皮卡迭代求解。

耦合流程在本书 6.2.1 节中已阐述。耦合流程中，RMC 和 ANSYS Mechanical 之间的物理场映射和动态几何重构是核-热-力耦合中的核心问题。图 C.1 显示了典型热管冷却反应堆中核-热-力耦合的整体物理场映射和数据传递方案，其中，有限元分析软件 ANSYS Mechanical 求解热力方程，更新蒙特卡罗中子输运程序 RMC 中的温度场、密度场和几何位移；而 RMC 更新热力计算中的功率分布。

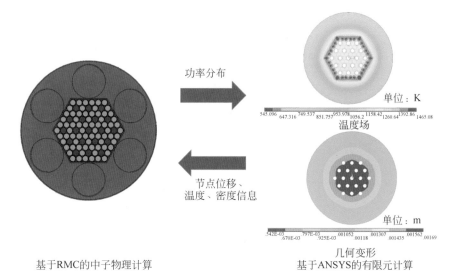

图 C.1　核-热-力耦合中物理场映射和数据交换示意图

ANSYS Mechanical 和 RMC 都实现了栅元级别(pin by pin)的求解精度。在有限元分析程序中，计算域被划分为节点，同时为了保证计算的收敛性和准确性，节点的数量通常为百万量级。然而，RMC 的几何模型是由构造实体几何(CSG)方法定义的，在建模中没有网格或节点。因此，ANSYS Mechanical 和 RMC 网格不匹配，需要建立 ANSYS Mechanical 和 RMC 之间的物理场映射。

图 C.2 展示了一个单通道中的物理场映射关系。每个单通道进行了轴向分层的划分。使用 RMC 的计数器统计功能得到功率密度分布。功率信息加载到 ANSYS 的节点上,考虑燃料与燃料之间的轴向和径向的功率差异,但不考虑燃料栅元内部的功率分布。ANSYS Mechanical 热力耦合计算完成后,统计轴向每一层内单通道内的燃料棒、热管、基体、反射层的平均温度和结构位移信息。平均温度用于 RMC 中温度截面展宽以考虑多普勒效应,结构信息用于重构堆芯热态膨胀后的堆芯几何。热管堆中由于燃料棒的功率不同,释热不同,并且热管堆内部各处的导热能力也有一定差异,因此,堆芯内部会产生不均匀的热膨胀。基体的非均匀膨胀会导致栅元相对位置的差异,从而产生偏心效应。燃料的非均匀膨胀会导致燃料形状变形。在本工作中,将非均匀膨胀效应简化为三个分离效应,即基体的均匀膨胀、燃料棒的膨胀与燃料棒的中心距偏移。每个栅元的基体采用了均匀膨胀假设,采用椭圆方程来描述燃料栅元非均匀的体积膨胀,使用栅元间距的变化来体现偏心效应。最终实现完整的栅元级的多物理动态几何更新,如图 C.3 所示。材料密度基于质量守恒原则更新:

$$T(m,k) = \frac{\sum\limits_{(k-1)t<z_i<kt} T_i V_i}{\sum\limits_{(k-1)t<z_i<kt} V_i} \tag{C-19}$$

$$\rho(m,k) = \frac{\sum\limits_{(k-1)t<z_i<kt} \rho_i V_i}{\sum\limits_{(k-1)t<z_i<kt} V_i} = \frac{\sum\limits_{(k-1)t<z_i<kt} M_i}{\sum\limits_{(k-1)t<z_i<kt} V_i} = \frac{\sum\limits_{(k-1)t<z_i<kt} V_i^{\text{Initial}}}{\sum\limits_{(k-1)t<z_i<kt} V_i} \rho^{\text{Initial}}(m,k)$$

$$\tag{C-20}$$

式中,$T(m,k)$,$\rho(m,k)$ 是第 k 层编号为 m 的单元的温度和密度信息;V_i,T_i,ρ_i,M_i 分别是单元体积,温度,密度,质量信息。上标 Initial 表示初始值。

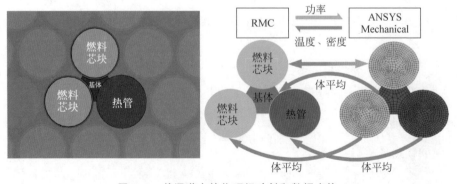

图 C.2　单通道中的物理场映射和数据交换

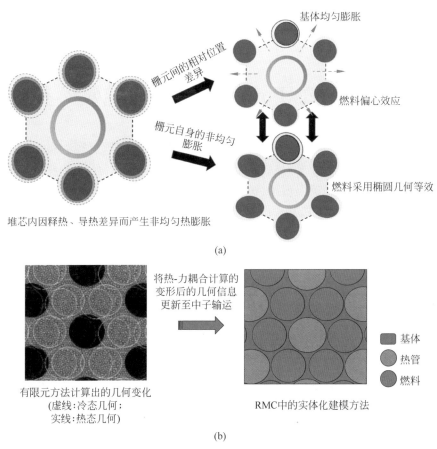

(a)

(b)

图 C.3　RMC 动态几何更新示意图

(a) 堆芯非均匀膨胀的动态几何方法；(b) RMC 内的实体化建模

RMC 中更新温度、密度和几何信息以考虑热力的反应性反馈。在 RMC 中，已经实现了在线截面展宽功能，以考虑材料不同温度下的多普勒效应。本书采用 TMS 方法（target motion sampling method）进行可分辨共振能区的截面处理[159]，在不可分辨共振能区采用概率表插值方法（probability table interpolation method）[160]。使用 ENDF/B-Ⅶ 截面库作为核素 0 K 截面的展宽基准点。

密度信息的反应性反馈通过改变核反应的宏观截面在中子输运过程产生作用。因此，可直接修正宏观截面来考虑热膨胀后材料密度变化的影响：

$$\sum_i (T) = \sigma_i N_i \times \frac{\rho_i (T)}{\rho_i (T_0)} \tag{C-21}$$

附录 D MegaPower 热管反应堆建模参数

MegaPower 热管反应堆是由美国洛斯·阿拉莫斯国家实验室设计的一种热管反应堆[105]。该热管堆仍处于概念阶段,当前存在多种设计方案[105,150],本书中主要参考了 McClure 等[43]发表的反应堆方案,具体建模参数如表 D.1 所示。需要指出的是,本书对该反应堆热管的热管工质进行了替换,原方案中采用了钾热管,此处改成了钠热管。对比本书计算结果和公开文献中该堆芯中子物理、热工、力学发表的数据[43,105]知,该工质替换对反应堆中子学、力学和热工计算影响很小,主要影响堆芯内热管自身的输热性能。

表 D.1 MegaPower 热管堆堆芯建模参数

燃 料		热 管	
燃料种类	UO$_2$	热管通道外径	1.575 cm
燃料密度	10.52 g/cm^3	热管与热管中心距	2.7713 cm
^{235}U 富集度	19.75 wt%	热管工质	钠
燃料棒通道外径	1.425 cm	密度	1.29 g/cm^3
燃料棒外径	1.412 cm	蒸发段长度	150 cm
气隙间距	0.0065 cm	冷凝段长度	250 cm
燃料棒长度	150 cm	热管数量	1224
燃料棒中心距	1.6 cm	基体	
燃料中心与热管中心间距	1.6 cm	材料	316 不锈钢
气隙组分	He	密度	8.03 g/cm^3
气隙密度	1.0156 g/cm^3	边通道热管到基体边缘的距离	0.15 cm
燃料棒数量	2112	安全棒中心到基体的距离	49.7 cm
平均释热率	约 1×10^7 W/m^3		
运行周期	约 12 年		

续表

反射层		控制鼓	
径向反射层材料	Al_2O_3	控制鼓数量	12
径向反射层密度	3.9 g/cm^3	控制鼓外径	25 cm
径向反射层外径	77.85 cm	控制鼓高度	180 cm
轴向反射层材料	316 不锈钢(+BeO)	吸收体材料	B$_4$C
轴向反射层厚度	15 cm	^{10}B 富集度	90%
BeO 密度	3.01 g/cm^3	^{10}B 密度	2.51 g/cm^3
		吸收体厚度	2 cm

　　采用 RMC 计算各个不同温度段的反应性反馈系数,计算中采用 50 万中子数,100 代非活跃代,200 代活跃代,反应性的计算误差小于 0.00007。表 D.2 列出了 MegaPower 堆芯中的燃料棒、基体的多普勒反应性系数及热管空泡反应性系数。表 D.3 列出了 MegaPower 堆芯燃料、基体和反射层的膨胀效应带来的反应性反馈系数。由于材料膨胀可由温度决定,材料膨胀的反馈系数最终可折算为温度反应性系数。

表 D.2　燃料棒与基体的多普勒反应性系数及热管空泡反应性系数

温度/K	燃料多普勒系数/(pcm/K)	基体多普勒系数/(pcm/K)	热管空泡系数/(pcm/K)
300~400	−1.543	−0.033	−0.046
400~500	−1.391	−0.202	−0.014
500~600	−1.121	−0.122	0.021
600~700	−0.971	−0.181	−0.020
700~800	−0.754	−0.143	0.048
800~900	−0.761	−0.034	−0.038
900~1000	−0.676	−0.068	−0.013
1000~1100	−0.599	−0.064	0.050
1100~1200	−0.485	−0.094	−0.016
1200~1300	−0.544	−0.083	−0.011

表 D.3　燃料、基体和反射层的膨胀反应性系数[*]

燃料膨胀比例/%	0	0.1	0.2	0.3	0.4	0.5
燃料膨胀对应温度/K	300	628	801	951	1087	1215
燃料膨胀系数/(pcm/K)	0	−0.037	−0.076	−0.110	−0.194	−0.060

续表

基体膨胀比例/%	0	0.5	0.7	1.1	1.3	1.5
基体膨胀对应温度/K	300	592	703	918	1022	1125
基体膨胀系数/(pcm/K)	0	−0.601	−0.206	−0.224	−0.345	−0.796
反射层膨胀比例/%	0	0.1	0.3	0.5	0.7	
反射层膨胀对应温度/K	300	457	714	967	1220	
反射层膨胀系数/(pcm/K)	0	0.050	0.016	0.026	0.004	

＊材料热膨胀由温度和材料的热膨胀系数决定。为计算方便,此处将热膨胀的反馈系数单位由 pcm/mm 转换成了 pcm/K。

MegaPower 热管反应堆六组缓发的中子点堆动力学参数也由 RMC 计算获得,包括缓发中子份额 β_i,中子代时间 Λ,缓发中子的衰变参数 λ_i,如表 D.4 所示。

表 D.4　MegaPower 热管堆六组缓发中子点堆动力学参数

名　称	值	名　称	值
λ_i	0.012491 0.031571 0.110600 0.322300 1.342300 8.999700	β_i	0.00020321 0.00119250 0.00117670 0.00348110 0.00118650 0.00038436
Λ	2.6702×10^{-6} s		

参 考 文 献

[1] 国务院.国务院关于印发"十三五"国家科技创新规划的通知：国发〔2016〕43号[EB/OL].（2016-08-08）[2022-03-26]. http://www. gov. cn/zhengce/content/2016-08/08/content_5098072. htm.

[2] CAI F,JI J M,JIANG Z Q,et al. Engineering fronts in 2018[J]. Engineering,2018,4(6)：748-753.

[3] SUN H,MA P,LIU X,et al. Conceptual design and analysis of a multipurpose micro nuclear reactor power source[J]. Annals of Nuclear Energy,2018,121：118-127.

[4] POSTON D I,GIBSON M A,GODFROY T,et al. KRUSTY reactor design[J]. Nuclear Technology,2020,206(supl)：13-30.

[5] CHOI Y J,LEE S,JANG S,et al. Conceptual design of reactor system for hybrid micro modular reactor（H-MMR）using potassium heat pipe［J］. Nuclear Engineering and Design,2020,370：110886.

[6] 余红星,马誉高,张卓华,等.热管冷却反应堆的兴起和发展[J].核动力工程,2019,40(4)：1-8.

[7] YAN B H,WANG C,LI L G. The technology of micro heat pipe cooled reactor：A review[J]. Annals of Nuclear Energy,2020,135：106948.

[8] 袁乃驹.核工程中采用热管的探讨[J].核动力工程,1980(3)：52-54.

[9] 蔡章生,刘德楚.一种新的一体化压水型反应堆——热管输热核反应堆构想[J].海军工程大学学报,1995(2)：46-49.

[10] POSTON D I. The heatpipe-operated Mars exploration reactor（HOMER）[J]. AIP Conference Proceedings,2001,552(1)：797-804.

[11] POSTON D I,KAPERNICK R J,GUFFEE R M,et al. Design of a heatpipe-cooled Mars-surface fission reactor[J]. AIP Conference Proceedings,2002,608(1)：1096-1106.

[12] EL-GENK M S,TOURNIER J M. Conceptual design of HP-STMCs space reactor power system for 110kWe［J］. AIP Conference Proceedings, 2004, 699(1)：658-672.

[13] EL-GENK M S,TOURNIER J M. "SAIRS"—Scalable amtec integrated reactor space power system[J]. Progress in Nuclear Energy,2004,45(1)：25-69.

[14] BESS J D. A basic LEGO reactor design for the provision of lunar surface power

[C]//Proceedings of the 2008 International Congress on Advances in Nuclear Power Plants. Anaheim,USA:[s. n.],2008.

[15] MCCLURE P R,POSTON D I,DIXON D D,et al. Final results of demonstration using flattop fissions (DUFF) experiment[R]. Los Alamos, NM, USA: Los Alamos National Laboratory,2012.

[16] GIBSON M,POSTON D,MCCLURE P, et al. The kilopower reactor using stirling technology(KRUSTY) nuclear ground test results and lessons learned [C]//2018 International Energy Conversion Engineering Conference. Cincinnati, Ohio,USA:[s. n.],2018.

[17] GUO Y,SU Z,LI Z,et al. The super thermal conductivity model (STCM) for high-temperature heat pipe applied for heat pipe cooled reactor[J]. Frontiers in Energy Research,2022,10:1-18.

[18] 袁园,荀军利,单建强,等.热管冷却空间反应堆系统启动特性研究[J].原子能科学技术,2016,50(6):1054-1059.

[19] YUAN Y,SHAN J,ZHANG B,et al. Study on startup characteristics of heat pipe cooled and AMTEC conversion space reactor system[J]. Progress in Nuclear Energy,2016,86:18-30.

[20] 张文文,田文喜,秋穗正,等.热管式空间反应堆堆芯热工安全分析[C]//第十八届中国科协年会——分6军民融合高端论坛论文集.西安,中国:[出版者不详], 2016:302-307.

[21] 孙浩,王成龙,刘道,等.水下航行器微型核电源堆芯初步设计[C]//第十五届全国反应堆热工流体学术会议暨中核核反应堆热工水力技术重点实验室学术年会.荣成,中国:[出版者不详],2017.

[22] 唐思邈,田智星,王成龙,等.小型核电源原理样机传热及热电性能研究[C]//第十六届全国反应堆热工流体学术会议暨中核核反应堆热工水力技术重点实验室2019年学术年会.惠州,中国:[出版者不详],2019.

[23] XIAO W,LI X,LI P,et al. High-fidelity multi-physics coupling study on advanced heat pipe reactor[J]. Computer Physics Communications,2022, 270:108152.

[24] FENG K,WU Y,HU J,et al. Preliminary analysis of a zirconium hydride moderated megawatt heat pipe reactor[J]. Nuclear Engineering and Design,2022, 388:111622.

[25] GUO H,FENG K Y,GU H Y,et al. Neutronic modeling of megawatt-class heat pipe reactors[J]. Annals of Nuclear Energy,2021,154:108140.

[26] 孙兴昂,郭自翼,刘碧帆,等.热管反应堆堆芯缩比模块瞬态特性分析[J].原子能科学技术,2021,55(10):1766-1772.

[27] 洪兵,徐刚,李桃生,等.锂热管结构材料对热管冷却反应堆中子物理特性影响[J].核科学与工程,2018,38(5):757-762.

[28] 洪兵.锂热管冷却空间反应堆堆芯物理特性研究[D].合肥:中国科学技术大学,2018.

[29] ZHAO H,CHEN H,CHEN C,et al. Neutronics characteristics study of conceptual space heat-pipe-cooled fast reactor core[C]//Proceedings of the 20th Pacific Basin Nuclear Conference. Beijing,China:[s. n.],2017:791-798.

[30] WANG D Q,YAN B H,CHEN J Y. The opportunities and challenges of micro heat piped cooled reactor system with high efficiency energy conversion units[J]. Annals of Nuclear Energy,2020,149:107808.

[31] 路怀玉,唐昌兵,李垣明,等.热管反应堆燃料元件的堆内行为演化模拟研究[J].核动力工程,2019,40(S2):82-87.

[32] 王金雨,余红星,柴晓明,等.热管反应堆燃料经济性影响因素初步探索[J].核动力工程,2020,41(3):197-201.

[33] 柴晓明,马誉高,韩文斌,等.热管堆固态堆芯三维核热力耦合方法与分析[J].原子能科学技术,2021,55(S2):189-195.

[34] 王金雨,余红星,张卓华,等.基于简单开式布雷顿循环的热管反应堆系统功率质量比影响因素初步探索[J].核动力工程,2021,42(2):188-192.

[35] 葛攀和,郭键,高剑,等.星表核反应堆电源系统热工概念设计[J].载人航天,2017,23(6):784-789.

[36] LIN M,MOU J,CHI C,et al. A space power system of free piston Stirling generator based on potassium heat pipe[J]. Frontiers in Energy,2020,14(1):1-10.

[37] 李华琪,江新标,杨宁,等.HP-STMCs空间堆堆芯典型瞬态热工分析[J].核动力工程,2015,36(3):36-40.

[38] 李华琪,江新标,陈立新,等.空间堆热管输热能力分析[J].原子能科学技术,2015,49(1):89-95.

[39] 胡攀,陈立新,王立鹏,等.热管冷却反应堆燃料组件稳态热分析[J].现代应用物理,2013,4(4):374-378.

[40] CAO H,WANG G. The research on the heat transfer of a solid-core nuclear reactor cooled by heat pipe through a numerical simulation,considering the assembly gaps[J]. Annals of Nuclear Energy,2019,130:431-439.

[41] 郭斯茂,王冠博,唐彬,等.兆瓦级高效紧凑新型海洋核动力装置研究[J].中国基础科学,2021,23(3):42-50.

[42] POSTON D,DIXON D,MARCILLE T,et al. FRINK——A code to evaluate space reactor transients[J]. AIP Conference Proceedings,2007,880:449-457.

[43] MCCLURE P,POSTON D,RAO D,et al. Design of megawatt power level heat pipe reactors[R]. Los Alamos,NM,USA:Los Alamos National Laboratory,2015.

[44] ZOHURI B. Heat pipe design and technology:Modern applications for practical

thermal management,2nd edition[M].[S. l.]：Springer,2016.

[45] FAGHRI A. Heat pipes：Review,opportunities and challenges[J]. Frontiers in Heat Pipes,2014,5(1)：1-48.

[46] 赵亚溥.表面与界面物理力学[M].北京：科学出版社,2012.

[47] GAROFF S,SIROTA E B,SINHA S K,et al. The effects of substrate roughness on ultrathin water films[J]. The Journal of Chemical Physics,1989,90(12)：7505-7515.

[48] AUSSERRE D,PICARD A M,LEGER L. Existence and role of the precursor film in the spreading of polymer liquids[J]. Physical Review Letters,1986,57(21)：2671-2674.

[49] HESLOT F,CAZABAT A M,LEVINSON P. Dynamics of wetting of tiny drops：Ellipsometric study of the late stages of spreading[J]. Physical Review Letters,1989,62(11)：1286-1289.

[50] HESLOT F,CAZABAT A M,LEVINSON P,et al. Experiments on wetting on the scale of nanometers：Influence of the surface energy[J]. Physical Review Letters,1990,65(5)：599-602.

[51] XU H,SHIRVANYANTS D,BEERS K,et al. Molecular motion in a spreading precursor film[J]. Physical Review Letters,2004,93(20)：206103.

[52] XU H,SHIRVANYANTS D,BEERS K ,et al. Molecular visualization of conformation-triggered flow instability [J]. Physical Review Letters,2005,94(23)：237801.

[53] DERJAGUIN B,OBUCHOV E. Ultramicrometric analysis of solvate layers and elementary expansion effects[J]. Acta Physicochimica URSS,1936,5：1-22.

[54] WAYNER P C,KAO Y K,LACROIX L V. The interline heat-transfer coefficient of an evaporating wetting film[J]. International Journal of Heat and Mass Transfer,1976,19(5)：487-492.

[55] WANG H,GARIMELLA S V,MURTHY J Y. An analytical solution for the total heat transfer in the thin-film region of an evaporating meniscus[J]. International Journal of Heat and Mass Transfer,2008,51(25-26)：6317-6322.

[56] WANG H,GARIMELLA S V,MURTHY J Y. Characteristics of an evaporating thin film in a microchannel[J]. International Journal of Heat and Mass Transfer,2007,50(19-20)：3933-3942.

[57] 寇志海.蒸发薄液膜及新型微槽平板热管传热性能的研究[D].大连：大连理工大学,2011.

[58] 金鑫.蒸发弯月面对毛细相变回路传输性能的影响[D].武汉：华中科技大学,2014.

[59] HANCHAK M S,VANGSNESS M D,BYRD L W,et al. Thin film evaporation of n-octane on silicon：Experiments and theory[J]. International Journal of Heat

and Mass Transfer,2014,75: 196-206.

[60] TIPTON J,KIHM K D,PRATT D M. Modeling alkaline liquid metal (Na) evaporating thin films using both retarded dispersion and electronic force components[J]. Journal of Heat Transfer,2009,131(12): 315-320.

[61] YI H,TIPTON J,KIHM K D,et al. Effect of disjoining pressure (Ⅱ) on multi-scale modeling for evaporative liquid metal (Na) capillary [J]. International Journal of Heat and Mass Transfer,2014,78: 137-149.

[62] RANJAN R,MURTHY J Y,GARIMELLA S V. A microscale model for thin-film evaporation in capillary wick structures[J]. International Journal of Heat and Mass Transfer,2011,54(1-3): 169-179.

[63] YIN L,LIU H,LIU W. Capillary character and evaporation heat transfer in the wicks of high temperature liquid metal heat pipe [J]. Applied Thermal Engineering,2020,175: 115284.

[64] CHOI J,SANO W,ZHANG W,et al. Experimental investigation on sintered porous wicks for miniature loop heat pipe applications[J]. Experimental Thermal and Fluid Science,2013,51: 271-278.

[65] 马同泽,汪肇平,赵嘉琪. 热管网状毛细芯毛细力及渗透率研究[J]. 工程热物理学报,1980,1(2): 156-164.

[66] RYBKIN B I,SERGEEV Y Y,SIDORENKO E M,et al. Investigation of the coolant edge wetting angle for mesh heat pipe wicks[J]. Journal of Engineering Physics,1979,36(4): 408-413.

[67] CANTI G,CELATA G P,CUMO M,et al. Thermal hydraulic characterization of stainless steel wicks for heat pipe applications[J]. Revue Generale De Thermique, 1998,37(1): 5-16.

[68] TANG Y,DENG D X,LU L S,et al. Experimental investigation on capillary force of composite wick structure by IR thermal imaging camera[J]. Experimental Thermal and Fluid Science,2010,34(2): 190-196.

[69] CHAMARTHY P,DE BOCK H P J,RUSS B,et al. Novel fluorescent visualization method to characterize transport properties in micro/nano heat pipe wick structures[C]//Proceedings of ASME 2009 InterPACK Conference. San Francisco,California,USA: [s. n.],2010: 419-425.

[70] LI J W,ZOU Y,CHENG L. Experimental study on capillary pumping performance of porous wicks for loop heat pipe[J]. Experimental Thermal and Fluid Science,2010,34(8): 1403-1408.

[71] KEMME J E. Heat pipe capability experiments[R]. Los Alamos,NM,USA: Los Alamos National Laboratory,1966.

[72] SOCKOL P M,FORMAN R. Re-examination of heat pipe startup[C]//IEEE Conference Record of 1970 Thermionic Conversion Specialist Conference. Miami,

FL,USA：IEEE,1970.

[73] IVANOVSKI M N,SOROKIN V P,YAGODKIN I V. Physical principles of heat pipes[M]. United States：Oxford University Press,1982.

[74] BYSTROV P,GONCHAROV V. Starting dynamics of high-temperature gas-filled heat pipes[J]. High Temperature Science,1984,21(6)：927-936.

[75] FAGHRI A,BUCHKO M,CAO Y. A study of high-temperature heat pipes with multiple heat sources and sinks：Part I-Experimental methodology and frozen startup profiles[J]. Journal of Heat Transfer,1991：1003-1009.

[76] TOLUBINSKII V I,SHEVCHUK E N,STAMBROVSKII V D. Study of liquid-metal heat pipes characteristics at start-up and operation under gravitation[C]// 3rd International Heat Pipe Conference. [S. l. ：s. n.],1978：274-282.

[77] DEVERALL J E,KEMME J,FLORSCHUETZ L. Sonic limitations and startup problems of heat pipes[R]. Los Alamos, NM, USA：Los Alamos National Laboratory,1972.

[78] 赵蔚琳,庄骏.碱金属热管轴向传热极限的研究[J].南京工业大学学报,1994(S1)：111-114.

[79] WANG C,ZHANG L,LIU X,et al. Experimental study on startup performance of high temperature potassium heat pipe at different inclination angles and input powers for nuclear reactor application[J]. Annals of Nuclear Energy, 2020, 136：107051.

[80] 田智星,刘道,王成龙,等.高温钾热管稳态运行传热特性研究[J].原子能科学技术,2020,54(10)：1-8.

[81] SUN H,LIU X,LIAO H,et al. Experiment study on thermal behavior of a horizontal high-temperature heat pipe under motion conditions[J]. Annals of Nuclear Energy,2022,165：108760.

[82] WALKER K L,TARAU C,ANDERSON W G. High temperature heat pipes for space fission power[C]//11th International Energy Conversion Engineering Conference. San Jose,CA,USA：[s. n.],2013：3661.

[83] LU Q,HAN H,HU L,et Al. Preparation and testing of nickel-based superalloy/ sodium heat pipes[J]. Heat and Mass Transfer,2017,53(11)：53.

[84] TIAN Z,LIU X,WANG C,et al. Experimental investigation on the heat transfer performance of high-temperature potassium heat pipe for nuclear reactor[J]. Nuclear Engineering and Design,2021,378：111182.

[85] COTTER T. Theory of heat pipes[R]. Los Alamos, NM, USA：Los Alamos Scientific Laboratory,1965.

[86] COTTER T. Heat Pipe Startup Dynamics[R]. Los Alamos, NM, USA：Los Alamos Scientific Laboratory,1968.

[87] KEMME J E. Ultimate heat-pipe performance[J]. IEEE Transactions on Electron

Devices,1969,16(8): 717-723.

[88] LEVY E K,CHOU S F. Sonic limit in sodium heat pipes[J]. Journal of Heat Transfer,1973,95(2): 218.

[89] BUSSE C. Theory of the ultimate heat transfer limit of cylindrical heat pipes[J]. International Journal of Heat and Mass Transfer,1973,16(1): 169-186.

[90] BEAM J. Transient heat pipe analysis[C]//20th Thermophysics Conference. Williamsburg,VA,USA: [s. n.],1985.

[91] 冯踏青. 液态金属高温热管的理论和试验研究[D]. 杭州: 浙江大学,1998.

[92] FAGHRI A. Heat pipe science and technology[J]. Fuel & Energy Abstracts, 1995,36(4): 285-285.

[93] ZUO Z J,FAGHRI A. A network thermodynamic analysis of the heat pipe[J]. International Journal of Heat and Mass Transfer,1998,41(11): 1473-1484.

[94] COSTELLO F A,MONTAGUE A F,MERRIGAN M A. Detailed transient model of a liquid-metal heat pipe[R]. Los Alamos, NM, USA: Los Alamos National Laboratory,1986: 393-402.

[95] JANG J H,FAGHRI A,CHANG W S,et al. Mathematical modeling and analysis of heat pipe start-up from the frozen state[J]. Journal of Heat Transfer,1990, 112(3): 586-594.

[96] CAO Y,FAGHRI A. Simulation of the early startup period of high-temperature heat pipes from the frozen state by a rarefied vapor self-diffusion model[J]. Journal of heat transfer,1993,115(1): 239-246.

[97] CAO Y,FAGHRI A. Closed-form analytical solutions of high-temperature heat pipe startup and frozen startup limitation[J]. Journal of heat transfer, 1992, 114(4): 1028-1035.

[98] TOURNIER J M,EL-GENK M S. A vapor flow model for analysis of liquid-metal heat pipe startup from a frozen state[J]. International Journal of Heat and Mass Transfer,1996,39(18): 3767-3780.

[99] SEO J T, EL-GENK M S. A transient model for liquid metal heat pipes[C]// Transactions of the 5th Symposium on Space Nuclear Power Systems. [S. l. : s. n.], 1988: 114-119.

[100] COLWELL G T,JANG J H,CAMARDA C J. Modeling of startup from the frozen state[C]//6th International Heat Pipe Conference. Grenoble,France: [s. n.],1987.

[101] TOURNIER J-M, EL-GENK M. Current capabilities of "HPTAM" for modeling high-temperature heat pipes' startup from a frozen state[J]. AIP Conference Proceedings,2002,608: 139-147.

[102] RICE J,FAGHRI A. Analysis of screen wick heat pipes,including capillary dry-out limitations[J]. Journal of thermophysics and heat transfer,2007,21(3):

475-486.

[103] RANJAN R,MURTHY J Y,GARIMELLA S V. A microscale model for thin-film evaporation in capillary wick structures[J]. International Journal of Heat and Mass Transfer,2011,54(1): 169-179.

[104] FAGHRI A,BUCHKO M,CAO Y. A study of high-temperature heat pipes with multiple heat sources and sinks: Part II - Analysis of continuum transient and steady-state experimental data with numerical predictions[J]. Journal of Heat Transfer,1991,113(4): 1010-1016.

[105] STERBENTZ J W,WERNER J E,MCKELLAR M G,et al. Special purpose nuclear reactor (5 MW) for reliable power at remote sites assessment report [R]. Idaho Falls,ID,USA: Idaho National Laboratory,2017.

[106] POSTON D I,GIBSON M,MCCLURE P. Design of the KRUSTY reactor [C]//Proceedings of the 2018 ANS Nuclear and Emerging Technologies for Space. Las Vegas,NV,USA: [s. n.],2018: 58-61.

[107] POSTON D I,GIBSON M,MCCLURE P. Kilopower reactors for potential space exploration missions[C]//Nuclear and Emerging Techologies for Space, American Nuclear Society Topical Meeting. Richland,WA,USA: [s. n.],2019.

[108] POSTON D I,GIBSON M,SANCHEZ R G,et al. Results of the KRUSTY nuclear system test[J]. Nuclear Technology,2020,206(sup1): 89-117.

[109] GUO Y,LI Z,HUANG S,et al. A new neutronics-thermal-mechanics multi-physics coupling method for heat pipe cooled reactor based on RMC and OpenFOAM[J]. Progress in Nuclear Energy,2021,139: 103842.

[110] GREENSPAN E. Solid-core heat-pipe nuclear batterly type reactor[R]. USA: University of California,2008.

[111] MATTHEWS C,WILKERSON R B,JOHNS R C,et al. Task 1: Evaluation of M&S tools for micro-reactor concepts[R]. Los Alamos,NM,USA: Los Alamos National Laboratory,2019.

[112] TANG S,WANG C,LIU X,et al. Experimental investigation of a novel heat pipe thermoelectric generator for waste heat recovery and electricity generation [J]. International Journal of Energy Research,2020,44(9): 7450-7463.

[113] GUO Y,LI Z,WANG K,et al. A transient multiphysics coupling method based on OpenFOAM for heat pipe cooled reactors[J]. Science China Technological Sciences,2022,65: 102-114.

[114] BADER M,BUSSE C A. Wetting by sodium at high temperatures in pure vapour atmosphere[J]. Journal of Nuclear Materials,1977,67(3): 295-300.

[115] 庄骏,张红. 热管技术及其工程应用[M]. 北京: 化学工业出版社,2000.

[116] 钱增源. 低熔点金属的热物性[M]. 北京: 科学出版社,1985.

[117] 赵大卫,H. KUDOH,K. SUGIYAMA.射流冲击圆管附近液钠流动换热特性研

究[J].科技创新导报,2015,12(21):3-5.

[118] ADDISON C C. The chemistry of the liquid alkali metals [M]. [S. l.]: Wiley,1984.

[119] CLARK R,KRUGER O. Wetting of nitride fuels and cladding materials by sodium[R]. Battelle Memorial Institute Report. [S. l. : s. n.],1969: 12-15.

[120] ZHANG J,LIAN L-X,LIU Y,et al. The heat transfer capability prediction of heat pipes based on capillary rise test of wicks[J]. International Journal of Heat and Mass Transfer,2021,164: 120536.

[121] SHIRAZY M R S, FRECHETTE L G. Capillary and wetting properties of copper metal foams in the presence of evaporation and sintered walls[J]. International Journal of Heat and Mass Transfer,2013,58(1): 282-291.

[122] RAMBABU S,KARTIK SRIRAM K,CHAMARTHY S,et al. A proposal for a correlation to calculate pressure drop in reticulated porous media with the help of numerical investigation of pressure drop in ideal & randomized reticulated structures[J]. Chemical Engineering Science,2021,237: 116518.

[123] IMURA H,KOZAI H,IKEDA Y. The effective pore radius of screen wicks[J]. Heat Transfer Engineering,1994,15(4): 24-32.

[124] DERJAGUIN B V,ROLDUGHIN V I. Influence of the ambient medium on the disjoining pressure of liquid metallic films[J]. Surface Science Letters, 1985, 159(1): 69-82.

[125] 王中平,孙振平,金明. 表面物理化学[M]. 上海：同济大学出版社,2015.

[126] ZHAO S Y,CHEN Q. A thermal circuit method for analysis and optimization of heat exchangers with consideration of fluid property variation[J]. International Journal of Heat and Mass Transfer,2016,99: 209-218.

[127] LEE M,PARK C. Receding liquid level in evaporator wick and capillary limit of loop thermosyphon[J]. International Journal of Heat and Mass Transfer,2020, 146: 118870.

[128] RANJAN R. Two-phase heat and mass transfer in capillary porous media[D]. Indiana,USA: Purdue University,2011.

[129] HANCHAK M S,VANGSNESS M D,ERVIN J S,et al. Model and experiments of the transient evolution of a thin, evaporating liquid film[J]. International Journal of Heat and Mass Transfer,2016,92: 757-765.

[130] DERJAGUIN B V,LEONOV L F, ROLDUGHIN V I. Disjoining pressure in liquid metallic films[J]. Journal of Colloid and Interface Science,1985,108(1): 207-214.

[131] LI J G. Energetics of metal/ceramic interfaces, metal-semiconductor Schottky contacts,and their relationship[J]. Materials Chemistry and Physics,1997,47(2-3): 126-145.

[132] LI J. Wetting and interfacial bonding of metals with ionocovalent oxides[J]. Journal of the American Ceramic Society,1992,75(11).

[133] ERGUN S. Fluid flow through packed columns[J]. Journal of Materials Science and Chemical Engineering,1952,48(2): 89-94.

[134] PARTHASARATHY P, HABISREUTHER P, ZARZALIS N. A study of pressure drop in reticulated ceramic sponges using direct pore level simulation [J]. Chemical Engineering Science,2016,147: 91-99.

[135] LI G,HUANG Y,HAN W E I,et al. Pressure drop prediction with an analytical structure-property model for fluid through porous media[J]. Fractals, 2021, 29(7): 2150184.

[136] CHI S W. Heat pipe theory and practice: A sourcebook [M]. [S. l.]: Hemisphere Publishing Corporation,1976.

[137] 张德良.计算流体力学教程[M].北京：高等教育出版社,2010.

[138] 陶文铨.数值传热学[M].西安：西安交通大学出版社,2001.

[139] Fluent Inc. Fluent user's guide[R]. Canonsburg,PA,USA: Fluent Inc,2015.

[140] PONNAPPAN R,CHANG W S. Startup performance of a liquid-metal heat pipe in near-vacuum and gas-loaded modes[J]. Journal of Thermophysics and Heat Transfer,1994,8(1): 164-171.

[141] LEE B,LEE S. Manufacturing and temperature measurements of a sodium heat pipe[J]. KSME International Journal,2001,15: 1533-1540.

[142] CISTERNA L H R,CARDOSO M C K,FRONZA E L,et al. Operation regimes and heat transfer coefficients in sodium two-phase thermosyphons [J]. International Journal of Heat and Mass Transfer,2020,152: 119555.

[143] GUO H,GUO Q,YAN X K,et al. Experimental investigation on heat transfer performance of high-temperature thermosyphon charged with sodium-potassium alloy[J]. Applied Thermal Engineering,2018,139: 402-408.

[144] GUO Q,GUO H,YAN X K,et al. Influence of inclination angle on the start-up performance of a sodium-potassium alloy heat pipe [J]. Heat Transfer Engineering,2018,39(17-18): 1627-1635.

[145] WANG X, WANG Y, CHEN H, et al. A combined CFD/visualization investigation of heat transfer behaviors during geyser boiling in two-phase closed thermosyphon[J]. International Journal of Heat and Mass Transfer,2018,121: 703-714.

[146] LONDONO PABON N Y,FLOREZ MERA J P,SERAFIIN COUTO VIEIRA G,et al. Visualization and experimental analysis of Geyser boiling phenomena in two-phase thermosyphons[J]. International Journal of Heat and Mass Transfer, 2019,141: 876-890.

[147] MA Z,QIU Z,WU Y,et al. An analysis of incipient boiling superheat in alkali

liquid metals[J]. International Journal of Heat and Mass Transfer,2014,70:
526-535.

[148]   BARAYA K, WEIBEL J A, GARIMELLA S V. Heat pipe dryout and
temperature hysteresis in response to transient heat pulses exceeding the
capillary limit[J]. International Journal of Heat and Mass Transfer,2020,
148:119135.

[149]   WALTER J C, POSTON D I. Thermal expansion and reactivity feedback
analysis for the HOMER15 and SAFE300 reactors[J]. AIP Conference
Proceedings,2022,608:673-680.

[150]   STERBENTZ J W, WERNER J E, HUMMEL A J, et al. Preliminary
assessment of two alternative core design concepts for the special purpose
reactor[R]. Idaho Falls,ID,USA:Idaho National Laboratory,2018.

[151]   BERRY R A,PETERSON J W, ZHANG H, et al. RELAP-7 theory manual
[R]. Idaho Falls,ID,USA: Idaho National Laboratory,2018.

[152]   齐飞鹏.液态金属冷却快堆燃料元件的性能分析程序开发及应用[D].合肥:中
国科学技术大学,2018.

[153]   王国栋,张瑞平,沐爱勤,等.基于线性插值的求解非线性方程二分法改进[EB/
OL].中国科技论文在线.(2009-04-21)[2022-03-26]. http://www. paper. edu.
cn/releasepaper/content/200904-657.

[154]   JUKAUSKAS A A. Heat transfer by convection in a heat exchanger[M].
Beijing:Science Press,1986.

[155]   ESLAMI M R,HETNARSKI R B,IGNACZAK J,et al. Theory of elasticity and
thermal stresses[M].[S. l.]:Springer,2013.

[156]   WRIGHT S A,LIPINSKI R J, VERNON M E, et al. Closed Brayton cycle
power conversion systems for nuclear reactors:Modeling, operations, and
validation[R]. Albuquerque,NM,USA:Sandia National Laboratory,2006.

[157]   MCCLURE P R,POSTON D I,DASARI V R,et al. Design of megawatt power
level heat pipe reactors[R]. Los Alamos, NM, USA: Los Alamos National
Laboratory,2015.

[158]   黄永忠,李垣明,李文杰,等.热管堆固态堆芯典型栅元设计优化[J].核动力工
程,2021,42(06):87-92.

[159]   LIU S, YUAN Y, YU J K, et al. Development of on-the-fly temperature-
dependent cross-sections treatment in RMC code[J]. Annals of Nuclear Energy,
2016,94:144-149.

[160]   LIU S,YUAN Y,YU J,et al. On-the-fly treatment of temperature dependent
cross sections in the unresolved resonance region in RMC code[J]. Annals of
Nuclear Energy,2018,111:234-241.

在学期间学术成果

发表的学术论文：

[1] **Ma Yugao**，Yu Hongxing，Huang Shanfang，Zhang Yingnan，Liu Yu，Wang Chenglong，Zhong Ruicheng，Chai Xiaoming，Zhu Congrong，Wang Xueqing. Effect of inclination angle on the startup of a frozen sodium heat pipe. Applied Thermal Engineering，2022，201：117625.（SCI 检索，检索号：000718113700001）

[2] **Ma Yugao**，Liu Jiusong，Yu Hongxing，Tian Changqing，Huang Shanfang，Deng Jian，Chai Xiaoming，Liu Yu，He Xiaoqiang. Coupled irradiation-thermal-mechanical analysis of the solid-state core in a heat pipe cooled reactor. Nuclear Engineering and Technology，2022，54：2094-2106.（SCI 检索，检索号：000822928600006）

[3] **Ma Yugao**，Li Chao，Pan Yanzhi，Hao Yisheng，Huang Shanfang，Cui Yinghuan，Han Wenbin. A flow rate measurement method for horizontal oil-gas-water three-phase flows based on Venturi meter，blind tee，and gamma-ray attenuation. Flow Measurement and Instrumentation，2021，80：101965.（SCI 检索，检索号：000687403600005）

[4] **Ma Yugao**，Han Wenbin，Xie Biheng. Yu Hongxing，Liu Minyun，He Xiaoqiang，Huang Shanfang，Liu Yu，Chai Xiaoming. Coupled neutronic，thermal-mechanical and heat pipe analysis of a heat pipe cooled reactor. Nuclear Engineering and Design，2021，384：111473.（SCI 检索，检索号：000706937400005）

[5] **Ma Yugao**，Tian Changqing，Yu Hongxing，Zhong Ruicheng，Zhang Zhuohua，Huang Shan-fang，Deng Jian，Xiaoming Chai，Yang Yunjia. Transient Heat Pipe Failure Accident Analysis of a Megawatt Heat Pipe Cooled Reactor. Progress in Nuclear Energy，2021，140：103904.（SCI 检索，检索号：000709543600002）

[6] **Ma Yugao**，Chen Erhui，Yu Hongxing，Zhong Ruicheng，Deng Jian，Chai Xiaoming，Huang Shanfang，Ding Shuhua，Zhang Zhuohua. Heat Pipe Failure Accident Analysis in Megawatt Heat Pipe Cooled Reactor. Annals of Nuclear Energ，2020，149：107755.（SCI 检索，检索号：000581278600006）

[7] **Ma Yugao**，Liu Minyun，Xie Biheng，Han Wenbin，Yu Hongxing，Huang Shanfang，Chai Xiaoming，Liu Yu，Zhang Zhuohua. Neutronic and thermal-mechanical coupling analyses in a solid-state reactor using Monte Carlo and finite element methods. Annals of Nuclear Energy，2021，151：107923.（SCI 检索，检索号：000595796000049）

［8］ **Ma Yugao**，Liu Shichang，Luo Zhen，Huang Shanfang，Li Kaiwen，Wang Kan，Yu Ganglin，Yu Hongxing. RMC/CTF Multiphysics Solutions to VERA Core Physics Benchmark Problem 9. Annals of Nuclear Energy，2019，133：837-852.（SCI 检索，检索号：000484649800081）

［9］ **Ma Yugao**，Min Jingkun，Li Jin，Liu Shichang，Liu Minyun，Shang Xiaotong，Yu Ganglin，Huang Shanfang，Yu Hongxing，Wang Kan. Neutronics and thermal-hydraulics coupling analysis in accelerator-driven subcritical system. Progress in Nuclear Energy，2020，122：103235.（ SCI 检索，检索号：000525863200001）

［10］ **Ma Yugao**, Liu Minyun, Xie Biheng, Han Wenbin, Chai Xiaoming, Huang Shanfang，Yu Hongxing. Neutronic and Thermal-mechanical Coupling Schemes for Heat Pipe Cooled Reactor Designs. Journal of Nuclear Engineering and Radiation Science，2022，8：1-8.（International Conference of Nuclear Engineering，2020，**Best Paper Award ＆ People Choice Award**，推荐发表；EI 检索，检索号：20221411907473）

［11］ Liu Minyun，**Ma Yugao**，Guo Xiaoyu，Liu Shichang，Liu Guodong，Huang Shanfang，Wang Kan. An improved tracking method for particle transport Monte Carlo simulations. Journal of Computational Physics，2021，437：110330.（ SCI 检索，检索号：000651264000002）

［12］ Pan Yanzi，**Ma Yugao**，Huang Shanfang，Niu Pengman，Wang Dong，Xie Jianhua. A new model for volume fraction measurements of horizontal high-pressure wet gas flow using gamma-based techniques. Experimental Thermal and Fluid Science，2018，96.（ SCI 检索，检索号：000432235300030）

［13］ **马誉高**，张英楠，黄善仿，余红星. 丝网芯内钠薄液膜蒸发与毛细特性研究. 原子能科学技术，2022，56：1154-1162.（中国核学会核反应堆热工流体力学分会第一届学术年会，2021，优秀论文奖，推荐发表；EI 检索，检索号：20222612286824）

［14］ **马誉高**，刘旻昀，黄善仿，余红星，张卓华，柴晓明，刘余. 热管冷却反应堆核热力耦合研究. 核动力工程，2020，41：191-196.（核反应堆系统设计技术国家级重点实验室 2019 年会议论文"优胜奖"，推荐发表；EI 检索，检索号：20222612286824）

［15］ **马誉高**，杨小燕，刘余，钟睿诚，黄善仿，余红星，柴晓明，何晓强，袁鹏. MW 级热管冷却反应堆反馈特性及启堆过程研究. 原子能科学技术，2021，55：213-220.（EI 检索，检索号：20213310761655）

［16］ **马誉高**，李超，黄善仿，余红星，潘艳芝. 高含气率气-液两相流流量计算方法研究. 核动力工程，2018，39：149-152.（核反应堆系统设计技术国家级重点实验室年会，2017，优秀论文奖，推荐发表；EI 检索，检索号：20183905856474）

［17］ 余红星，**马誉高**，张卓华，柴晓明. 热管冷却反应堆的兴起和发展. 核动力工程，2019，40：1-9.（EI 检索，检索号：20203509096491）

［18］ **马誉高**，刘仕倡，罗震，王侃，余纲林，黄善仿，余红星. RMC/CTF 在 VERA 基准题♯9 中的应用. 数字核能大会，成都，2018.8.（优秀论文一等奖）

软件著作权：

[1] **马誉高**,张卓华,习蒙蒙,等.热管传热极限计算程序软件［简称：HPLIMIT］V1.0.登记号 2021SR2122234.2021-12-24.

[2] **马誉高**,邓坚,丁书华,等.碱金属热管一维瞬态分析程序软件［简称：HPTran-1D］ V1.0.登记号 2021SR2204337.2021-12-29.

[3] **马誉高**,邓坚,丁书华,等.碱金属热管二维瞬态分析程序软件［简称：HPTran-2D］ V1.0.登记号 2021SR2204338.2021-12-29.

[4] **马誉高**,张卓华,习蒙蒙,等.热管冷却反应堆瞬态分析程序软件［简称：HPRTRAN］ V1.0.登记号 2021SR2204375.2021-12-29.

[5] **马誉高**,黄善仿,刘旻昀,等.热管堆核热力耦合接口程序软件［简称：NTM-HP］V1.0.登记号 2022SR0329221.2022-03-04.

专利：

[1] **马誉高**,何晓强,邓坚,等.碱金属热管吸液芯及其制备方法和热管：中国,CN114018077A［P］.2022-03-18.

[2] **马誉高**,邓坚,丁书华,等.碱金属热管相分布测量装置和方法：中国,CN114199908A［P］.2022-03-18.

[3] **马誉高**,苏东川,邓坚,等.固态堆芯膨胀系数非接触式测量装置及方法：中国,CN114199927A［P］.2022-03-18.

[4] 柴晓明,**马誉高**,余红星,等.一种热管反应堆系统及其能量转换方式：中国,CN111128410B［P］.2022-07-26.

[5] 柴晓明,**马誉高**,余红星,等.一种采用电磁泵辅助驱动的碱金属热管及其传热方法：中国,CN111076579B［P］.2021-06-22.

致　　谢

本人系中核集团定向生,感谢清华大学与中核集团核动力院对我的共同培养。

感谢我的校内导师黄善仿老师,他不仅培养了我良好的科研习惯,还通过言传身教影响我的为人与治学,教会我脚踏实地做学问,沉心打磨出精品。这些品质在博士科研期间对我起到了重大作用,也将使我受益终生。黄老师待我亦师亦父亦友,他平和的性情与开阔的胸襟令我钦佩,是我毕生学习的榜样。

感谢我的联合培养导师余红星老师。我的博士课题是在余老师的具体指导下完成的。余老师不断提升我的学术眼界,而如何做好的学问,是这五年来余老师一直引导我不断去思考的问题。这些指导都像种子一样,在我心里生根。我感叹学海无涯和学问不止,也感激余老师的良苦用心。在科研之外,余老师也常与我分享他在哲学、人文等领域的感悟,每每使我醍醐灌顶。读博期间并非一路坦途,当我对自己心生怀疑时,余老师始终坚定地信任我、支持我,鼓励我勇于尝试。每念及此,都心生感动。

《礼记》云:"独学而无友,则孤陋而寡闻。"感谢在求学路上同我一起并肩作战的同学们;感谢在核动力院给予我帮助的师友们;感谢在各地交流期间结识的同行们。君子之交淡如水,愿我们的情谊不尚虚华,清远绵长。

感谢我的父母,含辛茹苦把我养大。感谢两位姐姐对我的照顾,家人永远是我最坚强的后盾。

感谢我的妻子党婉月女士,无论顺境和逆境都站在我身后,坚定而温柔,给予我莫大的鼓励和支持。我仍记得第一次给她科普我的博士课题,科普什么是热管,什么是热管堆。从她的眼里,我看到了她对科学的好奇与热忱。在我博士学位论文撰写期间,她一字字读着对她来说晦涩难懂的内容,陪我一遍遍修改打磨,不倦不怠。是她的陪伴与照顾,让我不惧怕面对生命中的种种机遇和挑战。我敬她,爱她。她是我的软肋,亦是我的铠甲。